中国环境规划政策绿皮书

中国环境经济政策发展报告
2019

China's Report on Environmental Economic Policy 2019

董战峰　葛察忠　郝春旭　等/编著

中国环境出版集团·北京

图书在版编目（CIP）数据

中国环境经济政策发展报告.2019/董战峰等编著.——
北京：中国环境出版集团，2020.12
（中国环境规划政策绿皮书/王金南主编）
ISBN 978-7-5111-4413-3

Ⅰ.①中…　Ⅱ.①董…　Ⅲ.①环境经济—环境政
策—研究报告—中国—2019　Ⅳ.①X-012

中国版本图书馆 CIP 数据核字（2020）第 157641 号

出 版 人　武德凯
责任编辑　葛　莉　董蓓蓓
责任校对　任　丽
封面设计　彭　杉

出版发行　中国环境出版集团
　　　　　（100062　北京市东城区广渠门内大街 16 号）
　　　　　网　　址：http://www.cesp.com.cn
　　　　　电子邮箱：bjgl@cesp.com.cn
　　　　　联系电话：010-67112765（编辑管理部）
　　　　　发行热线：010-67125803，010-67113405（传真）
印　　刷　北京建宏印刷有限公司
经　　销　各地新华书店
版　　次　2020 年 12 月第 1 版
印　　次　2020 年 12 月第 1 次印刷
开　　本　787×1092　1/16
印　　张　18.5
字　　数　243 千字
定　　价　128.00 元

《中国环境规划政策绿皮书》
编 委 会

《中国环境经济政策发展报告 2019》
编 委 会

前　言

　　环境经济政策是一种利用财税、价格、金融、交易等经济政策工具调控环境行为的政策类型，与行政管制型政策相比，更加注重运用市场经济手段对经济主体进行内生调控，有利于形成生态环境保护的长效机制。随着生态文明建设的深入推进，我国生态环境保护工作向纵深发展，环境政策体系加速转型，环境经济政策越来越受到重视，当前我国正进入经济快速发展阶段，环境经济政策创新与实践正面临前所未有的机遇。同时，高质量发展动力转换、绿色发展结构转型、打赢打好污染防治攻坚战等对环境经济政策实践提出了新的时代需求，需要建立一套更加公平、合理、长效的环境经济政策体系，需要更加科学化、精细化、能够支撑环境质量目标管理的政策创新。

　　面对快速变化的宏观政策形势以及新时期生态环境保护工作对环境经济政策创新的迫切需求，为了更好地推进环境经济政策创新与应用，发挥环境经济政策的功能作用，持续开展环境经济政策的跟踪评估是十分必要的。生态环境部环境规划院是我国环境经济政策理论技术方法与应用研究的顶尖智库，长期从事环境投资、环境税费、绿色价格、环境权益交易、生态补偿、绿色金融等环境经济政策研究，是生态环境科学技术重要的支撑单位，为生态环境部、财政部等管理部门以及地方政府的环境经济政策试点、政策制定与实施提供了智力支持。为了更好地推进环境经济政策的研究与应用，让社会各界能够对国家环境经济政策实践最新进展有系统、全面的了解，生态环境部环境规划院组织编制中国环境经济政策发展年度系列报告，并将其纳入"中国环境规划政策绿皮书"。

《中国环境经济政策发展报告 2019》在大量调研和对政策文件的出台及实施分析的基础上，系统跟踪评估国家和地方环境经济政策实践最新进展，研判环境经济政策发展形势，分析年度各类型环境经济政策动态变化、成效与问题，提出未来的改革方向，并对年度最能反映国家和地方环境经济政策进展的典型政策进行了摘录，希望本年度报告能够成为社会各界研究和了解我国环境经济政策实践年度进展的参考书、工具书，并通过分享交流，助推我国环境经济政策研究和建立科学决策机制。

在本年度报告编写过程中，我们得到了生态环境部综合司、法规标准司等管理部门领导的大力支持和指导，得到了江苏省生态环境厅、甘肃省生态环境厅、四川省生态环境厅、浙江省生态环境厅、上海市生态环境局、安徽省生态环境厅、福建省生态环境厅、广东省生态环境厅、贵州省生态环境厅、云南省生态环境厅等地方生态环境部门的大力支持，也得到了生态环境部环境规划院陆军书记、王金南院长等领导的大力支持，在此表示衷心的感谢！

本年度报告由董战峰、葛察忠、郝春旭牵头组织编制，由董战峰、郝春旭统稿。本报告共 11 章，第 1 章主要完成人为葛察忠、郝春旭、胡睿；第 2 章主要完成人为璩爱玉、葛察忠；第 3 章主要完成人为毕粉粉、龙凤；

第 4 章主要完成人为郝春旭、彭忱；第 5 章主要完成人为周全、董战峰；第 6 章主要完成人为龙凤、张姣玉；第 7 章主要完成人为程翠云、董战峰；第 8 章主要完成人为李雅婷、常雅茹；第 9 章主要完成人为王青、吴嗣骏；第 10 章主要完成人为陈金晓、杜艳春；第 11 章主要完成人为李婕旦、贾真、杜艳春。感谢生态环境部环境规划院各位研究人员对本年度报告编写和出版做出的重要贡献，本年度报告的出版离不开他们辛勤而又卓有成效的工作。

希望本年度报告的出版能为各级生态环境部门的管理人员，高等院校和科研院所从事环境经济政策研究的专家、学者，以及有关专业的研究生提供参考。此外，限于编写人员的能力水平，以及资料的局限性，报告的一些结论不可避免地存在争议，希望与诸位同仁一起多加探讨交流，并恳请广大读者批评指正！

董战峰

2020 年 3 月 25 日

执行摘要

2019 年是中华人民共和国成立 70 周年，是全面建成小康社会的关键之年。环境经济政策改革处于前所未有的好形势下，中央高度重视政策改革、地方积极实践探索，环境经济政策体系不断健全、完善。特别是 2019 年 10 月，中国共产党第十九届中央委员会第四次全体会议通过的《中共中央关于坚持和完善中国特色社会主义制度　推进国家治理体系和治理能力现代化若干重大问题的决定》，明确提出坚持和完善生态文明制度体系，为进一步加快环境经济政策建设提供了崭新动力，也为下一步环境经济政策改革与创新指明了方向。

《中国环境经济政策发展报告 2019》采取"自下而上"的方式，针对年度环境经济政策进展情况开展系统评估，评估政策对象包括我国正在实践的 10 项重点环境经济政策，如环境财政、环境资源价格、环境权益交易、生态保护补偿等政策，首先分门别类地进行系统评估，进而形成年度环境经济政策发展形势研判。

总体来看，环境经济政策为打赢打好污染防治攻坚战持续提供动力保障，有效支撑我国经济建设的高质量发展，助力美丽中国建设的加快推进。2019 年，中央财政分别安排水、大气、土壤污染防治专项资金 190 亿元、

250 亿元、219.1 亿元，安排农村环境整治专项资金 41.8 亿元，助推打赢打好污染防治攻坚战。中央财政下达重点生态功能区转移支付资金 811 亿元，比 2018 年增加 90 亿元，增幅达 12.5%；新安江、九洲江、汀江—韩江、东江、引滦入津、赤水河以及密云水库及上游等 7 个跨省流域已开展上下游横向生态补偿，长江经济带酉水、滁河、渌水流域先后建立跨省上下游横向生态补偿机制。环境权益制度进一步深化，各排污权交易试点地区继续推进排污权有偿使用和交易工作，截至 2019 年 12 月 26 日，征收排污权有偿使用费总计约 3.7 亿元，二级市场交易金额总计约 6.4 亿元；全年碳市场试点累计成交量约 6.96×10^9 t 二氧化碳当量，累计成交额约 15.62 亿元人民币；国家政策推动水权交易制度改革不断进行，全国水权交易规模逐渐扩大，国家水权交易平台引领示范。绿色信贷制度取得积极进展，截至 2019 年年底，我国本外币绿色贷款余额 10.22 万亿元，比年初增长 15.4%。绿色债券市场呈现井喷态势，中国境内外绿色债券发行规模合计 3 390.62 亿元人民币，继续位居全球绿色债券市场前列。全国 PPP 入库项目总量为 1 409 个，其中环保 PPP 项目（生态建设和环境保护类）123 个，占比为 8.73%，同比下降 3.65%。2019 年 7 月，国家发展改革委、生态环境部联合发布《关于深入推进园区环境污染第三方治理的通知》，明确选择一批园区（含经济技术开发区）深入推进环境污染第三方治理试点工作；2019 年 1 月，生态环境部、全国工商联联合发布《关于支持服务民营企业绿色发展的意见》，从实施财税优惠政策、创新绿色金融政策、落实绿色价格政策、完善市场化机制等角度提出完善环境经济政策措施。我国 31 个省（区、市）（港澳台地区未涉及），除北京市外，共有 30 个省（区、市）开展了企业环境信用评级工作。完成《环境保护综合名录（2020 年版）》（征求意见稿）编制，2020 年版名录新增了环境友好工艺和对应的重污染工艺 50 余种、"双高"产品 10 余种、污染防治专用设备 7 种。

财税、补贴、补偿、金融等环境经济政策在生态环境保护工作中发挥的作用越来越显著，开发利用、保护和改善生态环境的市场经济政策长效机制在逐步健全，但是结构调整、质量改善、多元治理等需求依然存在政策供给不足的问题，经济政策未充分实现对生态环境开发利用、保护和改善的全方位调控。环境经济政策在我国环境管理制度与政策体系中仍处于从属或辅助地位，市场机制还未成为调控与配置环境资源的基础性手段。一是全社会环保投入力度仍然不足。虽然当前我国环保投资不断增加，环保投资总额占国内生产总值（GDP）的比重也在逐步提高，但与环境质量改善和绿色发展的需求相比仍存在差距。二是生态补偿政策不完善。我国生态补偿政策重点针对天然林保护、退耕还林等项目，针对重要生态功能区、自然保护地等的补偿机制还不完善，尚未建立与地区发展权相匹配的生态补偿机制。三是绿色税费制度不健全。环境保护税调控范围较窄、调控力度不足；资源税收费标准过低，对生态环境成本考虑不足；消费税征收范围过窄，难以有效调控消费行为。四是环境权益交易制度不完善。自然资源产权仍处于试点探索阶段，排污权属性法律界定不清晰，排污权初始分配、交易等方面的关键技术问题仍然存在较大争议；碳交易仍处于试点阶段。五是绿色金融政策不健全。绿色信贷、绿色保险、绿色证券、绿

色债券等领域绿色标准的统一仍然存在较大争议，环境信息强制性披露等绿色金融政策实施的条件仍然存在较大不足等。六是环境信用评价等基础性制度仍存在欠缺。环境信用评价制度近年来在实践中不断推广、延伸，对促进企业治污发挥了积极作用。然而，企业环境信用评价制度在推动实践和现实成效方面，仍然存在一些问题与不足：企业环境信用评价覆盖范围有限，企业环境信用评价的程序和内容需进一步规范和完善；企业环境信用评价欠缺保障性措施，评价结果运用方向过窄、成效不明显。

本书编委会

2020 年 6 月 5 日

Executive Summary

The year 2019 marks the 70th anniversary of the establishment of the People's Republic of China. It's also the critical year to build a moderately prosperous society in all respects. The situation of environmental economics policy reform is better than ever. The central government places great importance on promoting reform, positive practice explorations at local places, and continuous improvement of environmental economics policy system. In particular, the Fourth Plenary Session of the 19th Central Committee of the Communist Party of China （CPC） passed *Decision of the CCCPC on Some Major Issues Concerning Upholding and Improving the System of Socialism with Chinese Characteristics and Advancing the Modernization of China's System and Capacity for Governance*, clearly stating that we should maintain and improve a system for eco-environmental progress, which provides a new motivation for further accelerating the development of environmental economic policies, and also points out the direction for the next step of environmental economics policy reform and innovation.

This year's *progress report on National Environmental Economic Policy* maintains a "bottom-up" approach, conducting a systemic evaluation on the progress of annual environmental economics policies. The evaluation policy objects include 11 significant/foremast environmental economics policies in practice, including environmental finance, environmental price, environmental rights and interests, ecological compensation, etc. A systematic evaluation based on different categories was first executed, thus forming a judgment on the annual development situation of environmental economics policies.

In general, environmental economics policies have continued providing impetus for winning the battle against pollution, effectively supported and served high-quality development, accelerating the project of "construction of a beautiful China". In 2019, the central government allocated special funds for preventing and controlling of water, air and soil, amounting to 19 billion *yuan*, 25 billion *yuan*, and 21.91billion *yuan* respectively, a special fund of 4.18 billion *yuan* has been allocated for rural environmental improvement to help win the battle against pollution. In 2019, the central government issued special transfer payment funds of 81.1 billion *yuan* for key ecological function areas, with an increase of 9 billion *yuan* or 12.5% than the previous year; In seven cross-province river basins, including Xin'an River, Jiuzhou River, Ting River-Han River, East River, Water Diversion Project from Luanhe River to Tianjin City, Chishui River, and Miyun reservoir and its upstream, horizontal ecological compensation of upstream and downstream has been conducted. In Yangtze River Economic Belt, cross-province horizontal ecological compensation of upstream and downstream have been established in You River, Chu River and Lu River. The system of environmental rights and interests has been further deepened. In 2019, all pilots for trading emission rights have continued to promote the paid use and trading of emission rights. As of December 26, the charges for paid use of emission rights totaled 370 million *yuan*, and the transaction amount in secondary market reached 640 million *yuan*; In 2019, the accumulative trading volume of carbon dioxide in pilot carbon markets reached about 6.96 billion tons equivalent, with an accumulative amount of 1.562 billion *yuan*; National policy has promoted continuous reform of water rights trading system. The water rights trading scale has been expanding gradually, and the water rights trading platform is playing an exemplary role. Positive progress has been made in terms of the green credit system. At the end of 2019, **China's balance of green loans** in local and foreign currencies was 10.22 trillion *yuan*, 15.4% up from the start of this year. The green bonds market has developed rapidly. In 2019, the issuance of China's domestic and overseas green bonds totaled 339,062 billion *yuan*, continuing to top the list in global green bond market. In 2019, the projects recorded in project library totaled 1,409, including 123 environmental PPP projects (ecological construction and environmental protection), accounting for 8.73%, with a year-on-year decline of 3.65%. National Development and Reform Commission and Ministry of Ecology and Environment released *Notice on Further Promoting the Third-party Treatment of Industry Park Environmental Pollution*, which explicitly selected a batch of industry parks (including economic and technological development zone) to further promote the third-party treatment of environmental pollution; Ministry of Ecology and Environment and All-China Federation of Industry and Commerce jointly released *Opinions on Supporting and Serving the Green Development of Private Enterprises*, proposing measures to improve environmental and economic policies from perspectives of implementing fiscal and tax preferential policies, innovating green financial policies, implementing green price policies, improving market mechanism etc. Among 31 provinces (autonomous regions and municipalities) in mainland China, 30 provinces (except Beijing) have conducted environmental credit rating of enterprises. The composition of the *Comprehensive Directory of Environmental Protection* 2020 *Edition* (exposure draft) was completed, adding over 50 kinds of environmentally friendly processes and corresponding heavy pollution process, over ten types of "double high" (high pollution, high environmental risk) products, and seven types of special equipment for pollution prevention and control.

Environmental economics policies such as fiscal and taxation, subsidies, eco-compensation and finance play an increasingly important role in ecological environment protection. The long-term mechanism of market economy policy for the development, utilization, protection, and improvement of the ecological environment has gradually improved. However, insufficient policy supply still exists in demands like structural adjustment，environmental quality improvement，multiple governances, etc. Economic policies haven't fully realized an all-around regulation on the utilization，protection, and improvement of ecological environment，and haven't covered the entire environmental impact on the economic system. The environmental economics policy still holds a subordinate or auxiliary position in China's environmental management system and policy system，and market mechanism hasn't become the basic means of regulating and allocating environmental resources. First，the society's investment in environmental protection is insufficient. Although China's investment in environmental protection has increased continuously and the total investment share of GDP has been improved gradually，it still has a considerable gap with developed countries. Second，the ecological compensation policies are imperfect.China's ecological compensation policies focus on projects like natural forest protection，returning farmland to forests etc.. The compensation systems of important ecological functional zones and natural reserves are not perfect，and the ecological compensation mechanism matching with regional development rights has not been established. Third，the green tax system isn't sound. The regulation scope of environmental protection tax is limited；and the intensity of regulation is insufficient；The resources tax standard is too low，not covering ecological environment costs；The scope of consumption tax is too narrow to regulate consumption behavior. Fourth，the trading system for environmental rights and interests is not sound. The natural resource property right is still at the exploration and pilot stage. The legal definition for emission right is unclear. Critical technological problems regarding initial allocation and transaction of emission rights are still controversial；Carbon trading is mainly at the pilot stage. Fifth，green financial policy is not sound. The unification of green standards in green credit，green insurance，green securities，and green bonds is still controversial. The foundation for implementing mandatory disclosure of environmental information and other green financial policies is still inadequate. Sixth，basic systems such as environmental credit assessment are still insufficient. Enterprise environmental credit evaluation system has been continuously promoted and spread in recent years, playing a positive role in promoting enterprises' pollution control. However, the enterprise environmental credit evaluation system has a limited coverage, and is still at the promotion stage. Society doesn't have a high degree of recognition for the fairness and rationality of environmental credit evaluation results. The procedure and contents of credit evaluation need to be further standardized and improved; Enterprise environmental credit evaluation lacks guarantee measurements. The application of evaluation results is too narrow, and the effect is not very evident.

目录

目录

目录

目录

环境经济政策发展形势研判

2019 年是中华人民共和国成立 70 周年，是全面建成小康社会的关键之年。环境经济政策改革处于前所未有的好形势下，中央高度重视政策改革、地方积极实践探索，环境经济政策体系不断健全、完善。特别是 2019 年 10 月，中国共产党第十九届中央委员会第四次全体会议通过的《中共中央关于坚持和完善中国特色社会主义制度 推进国家治理体系和治理能力现代化若干重大问题的决定》，明确提出坚持和完善生态文明制度体系，为进一步加快环境经济政策建设提供了崭新动力，也为下一步环境经济政策改革与创新指明了方向。

1.1 环境经济政策体系建设

环境经济政策改革进度加快。环保投入持续加大，涉及水、大气、土壤、农村环境等的环保专项资金对解决污染难题发挥了重要作用；价格补贴政策在促进绿色产品消费、能源替代、提高资源效率等方面的功能日趋增强；绿色税收政策不断健全，环境保护税收征管稳步推进；污水处理收费动态调整机制不断健全，垃圾计量收费和差别化收费政策深入推进；推

动建立市场化、多元化生态补偿机制，强化以国家公园为主体的自然保护地体系的补偿机制建设，启动生态综合补偿试点工作，新安江、九洲江等 7 个跨省流域已开展上下游横向生态补偿，长江经济带酉水、滁河、渌水流域先后建立跨省上下游横向生态补偿机制；环境权益制度探索进一步深化，一些地方形成的排污权交易市场机制促进污染减排取得显著成效，碳市场建设开始由点到面推开；绿色金融政策改革持续深化，绿色债券市场继续位居全球绿色债券市场前列，生态环境治理仍是 PPP 重点领域；丽水市等地的生态产品价值形成机制试点不断推进，自然资源资产负债表编制试点工作基本完成，生态环境资产核算体系工作不断完善；《环境保护综合名录（2020 年版）》编制工作加紧研究推进，《石化绿色工艺名录（2019 年版）》等绿色名录发布实施；上市公司环境信息披露、环境信用、绿色供应链等政策全面推进。

1.2 重点领域环境经济政策实施进展

中央财政持续加大生态环境保护投资力度。安排 700.9 亿元专项资金用于水、大气、土壤、农村的环境治理。2019 年，中央财政分别安排水、大气、土壤污染防治专项资金 190 亿元、250 亿元、219.1 亿元，以及农村环境整治专项资金 41.8 亿元，助推打赢打好污染防治攻坚战。

创新环境资源价格政策机制。中央财政资金大力支持清洁取暖试点工作，将对京津冀及周边地区秋冬季大气污染综合治理攻坚行动、汾渭平原秋冬季大气污染综合治理攻坚行动、长三角地区秋冬季大气污染综合治理攻坚行动等加大补贴、价格等政策支持力度。清洁取暖试点再次扩围，总计 43 个城市，中央财政奖补资金达 152 亿元。进一步完善了北方地区清洁取暖补贴政策，明确试点城市出现连续两年绩效评价、中期评估或总体绩效评价不合格，将取消试点资金、扣回奖励资金，进一步巩固攻坚战成果。火电脱硫、脱硝取得积极进展，新能源汽车补贴退坡力度进一步加大，光伏发电补贴竞价推动光伏发电补贴退坡政策实施。加大秸秆综合利用补贴力度，开展财政资金补助耕地轮作休耕制度试点工作，"以奖代补"推广绿色循环优质高效特色农业。对政府采购节能产品、环境标志产品实施品目清单管理。

绿色税收政策不断完善。国家陆续出台一系列绿色税收优惠政策，已构建起以环境保护税为主体，以资源税为重点，由车船税、车辆购置税、消费税、企业所得税、增值税等税种组成的绿色税收政策。绿色税收政策在减少污染排放、促进结构调整等方面发挥了积极作用。2019 年全年环境保护税收入 221 亿元，同比增长 46.1%，环境保护税开征两年来，逐步建立了多排多征、少排少征、不排不征和高危多征、低危少征的正向减排激励机制，为企业加大节能减排力度发挥了很好的引导作用。

生态补偿机制建设加速。重点生态功能区转移支付范围与规模逐年增加，2019 年中央财政下达重点生态功能区转移支付 811 亿元，比上年增加 90 亿元，增幅达 12.5%。生态综合补偿机制探索建立，国家发展改革委牵头启动生态综合补偿试点工作，多地积极探索建立生态保护红线生态补偿机制，推进自然保护地生态补偿体系建立。探索建立长江经济带生态补偿机制，推深做实新安江流域生态补偿机制建设，流域上下游横向生态保护补偿工作持续推进。

环境权益制度改革探索深化。自然资源资产产权制度改革全面推进，围绕自然资源和不动产确权登记这两条主线，全国统一确权登记工作不断提质增效，信息共享集成机制初步形成；排污权有偿使用和交易继续推进，地域范围和行业范围主要聚焦在各省（区、市）的主要区域和重点行业，污染因子大多为纳入国家约束性指标的 4 项主要污染物。促进排污权交易

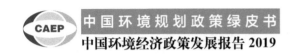
平台整合共享；《碳排放权交易管理暂行条例（征求意见稿）》为全国碳市场建设提供政策基础和法律保障，2019 年，我国试点碳市场累计成交量约 6.96×10^9 t 二氧化碳当量，累计成交额约 15.62 亿元人民币；水权交易制度改革不断推进，全国水权交易规模逐渐扩大，水权改革试点相继启动，国家水权交易平台引领示范，地方积极探索为水权交易平台提供支撑；用能权交易制度试点启动，创新有偿使用、预算管理、融资机制、培育和发展交易市场等工作。

创新绿色金融，助推产业绿色发展。国家发展改革委等七部门联合印发的《绿色产业指导目录（2019 年版）》（发改环资〔2019〕293 号），是我国建设绿色金融标准工作中的又一重大突破，为界定绿色产业和项目提供详细指引。绿色金融改革创新试验区工作深入推进，各试验区积极开展绿色信贷、绿色保险、绿色证券、绿色债券、绿色基金等相关金融产品创新，陆续推出了环境权益抵（质）押融资、绿色市政债券等多项创新型绿色金融产品和工具，不断拓宽绿色项目的融资渠道。截至 2019 年年底，我国本外币绿色贷款余额 10.22 万亿元，比年初增长 15.4%。绿色债券市场呈现井喷态势，2019 年我国境内外绿色债券发行规模合计 3 390.62 亿元人民币。各地不断推出绿色保险创新产品及保障政策。绿色发展基金与绿色资产支持票据实践活跃。

推进健全环境市场政策。生态环境类政府和社会资本合作（PPP）总体发展态势向好，在公共服务领域推广运用 PPP 模式，引入社会力量参与公共服务供给、提升供给质量和效率仍是 2019 年度重点工作，生态环境治理依然是 PPP 重点领域，2019 年全国 PPP 入库生态环境类 PPP 项目为 123个。针对从事污染防治的第三方企业实施所得税优惠政策，对符合条件的从事污染防治的第三方企业减按 15% 的税率征收企业所得税，从税收及资金政策方面对环境污染第三方治理予以鼓励。

　　强化环境经济政策实施的基础。一是持续推进环境保护综合名录编制工作。完成《环境保护综合名录（2020 年版）（征求意见稿）》编制，新增环境友好工艺和对应的重污染工艺 50 余种、"双高"产品 10 余种、污染防治专用设备 7 种。《石化绿色工艺名录（2019 年版）》发布，较 2018 年版新增 3 个条目、10 项工艺，继续推进一批显著降低环境负荷、大幅提升资源利用效率的绿色工艺。二是推进完善行业企业环境信息披露制度。生态环境部环境规划院等单位发布《2017 年度上市公司环境信息披露评估报告》。三是工业和信息化部、国家市场监督管理总局等联合开展重点用能行业能效"领跑者"遴选工作。四是环境信用评价工作全面推开。我国 31 个省（区、市），除北京市外，30 个省（区、市）均开展了环境信用评级工作，23 个省（区、市）颁布了环境信用评价的相关规定。环境影响评价信用监管体系基本构建。全国环境影响评价信用平台启动。

2

环保财政政策

我国环保财政政策不断完善，环保财政投入资金不断增加，电价等补贴政策取得较大进展，政府绿色采购法律制度也不断完善。但环保投入资金总量不足，财政投入总量与环境治理资金需求之间仍有很大差距，财政补贴政策也存在着顶层设计缺乏，政策体系不完善，技术支持、资金投入不足等方面的制约，政府绿色采购缺乏有效的绿色产品认证机构做支撑。亟须建立生态环境保护财政投入的动态增长机制，加强补贴政策制度的顶层设计，完善财政补贴政策体系，制定适合我国国情的绿色采购方案。

2.1 节能环保支出预算

2019年节能环保支出预算较2018年实际执行数下降15.1%。2019年4月，财政部公布了经全国人大批准的2019年中央财政预算，2019年中央本级支出预算数为35 395.00亿元，较2018年实际执行数（33 226.97亿元）增加了2 168.03亿元，较上年执行数增长6.5%。其中，节能环保支出预算数为362.68亿元，比2018年实际执行数（427.41亿元）减少了64.73亿元，较上年执行数下降了15.1%，主要原因是基本建设支出减少。能源节约利用预算数减少最多，比2018年执行数减少了41.79亿元，下降了86.1%，主要是2018年安排了部分一次性的基本建设支出、2019年年初预算不再安排的缘故。环境监测与监察预算数减少较多，较上年执行数减少了3.01亿元，下降了37.1%，主要是2018年安排了部分一次性的基本建设支出、2019年年初预算不再安排的缘故。自然生态保护预算数保持增加态势，比2018年执行数增加了0.97亿元，增长了16.9%，主要原因是生物多样性调查评估等支出增加（图2-1）。

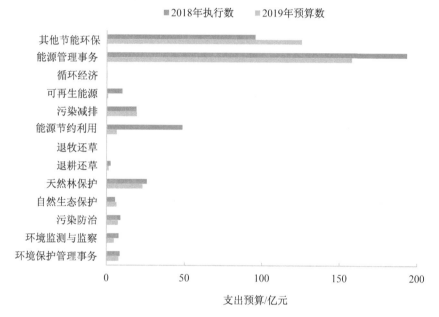

图 2-1　2019 年节能环保支出预算情况

数据来源：财政部，《关于2019年中央本级支出预算的说明》。

2.2　环境污染治理投资

环境污染治理投资逐年增加，但投入不足。2015年以来，我国环境污染治理投资总额逐年增加,从 2015 年的 8 806.3 亿元增加到 2017 年的 9 539 亿元。持续而稳定的环境污染治理投资为各项环保工作的有效开展提供了有力的保障。尽管财政投入不断增加,但环保投入总量不足,用于生态环境保护的投资总额占国内生产总值（GDP）的比重依然过低,环境污染治理投资总额占 GDP 的比重下降,从 2015 年的 1.28% 下降到 2017 年的 1.15%,下降了 0.13 个百分点（图 2-2、图 2-3）。而根据国际经验,当环境污染治理投资总额占 GDP 的比重达到 1%～1.5% 时,可以在一定程度上遏制环境的进一步恶化;当环境污染治理投资占比达到 2%～3% 时,环境质量会有所改善。

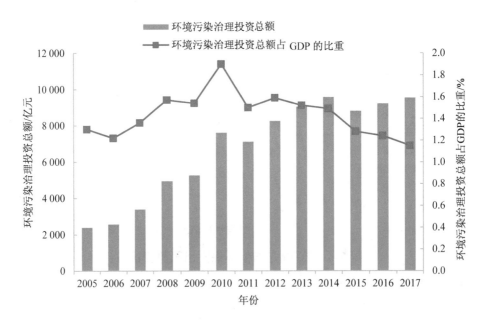

图 2-2　2005—2017 年我国环境污染治理投资总额及其占 GDP 比重

数据来源：国家统计局，2006—2019 年《中国统计年鉴》。

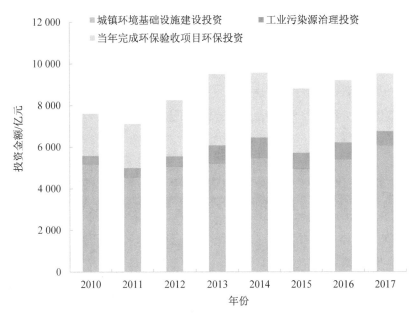

图 2-3　2010—2017 年我国环境污染治理投资结构情况

数据来源：国家统计局，2010—2019 年《中国统计年鉴》。

2.3　环保专项资金

出台《水污染防治资金管理办法》，中央财政继续支持水污染防治。早在 1999 年，国家就设立了"三河三湖""渤海碧海"重点流域水污染防治国债专项资金，主要用于城市污水处理厂及污水主干管建设，同时还用于部分河湖清淤等综合整治项目。2007 年 11 月，国家设立了"三河三湖"及松花江流域水污染防治专项资金，专门用于流域水污染防治。2019 年，中央财政安排水污染防治专项资金 190 亿元（其中，长江经济带生态保护修复奖励资金 50 亿元，流域上下游横向生态保护补偿奖励资金 13 亿元，重点流域水污染防治资金 127 亿元）（表 2-1）。为规范和加强水污染防治资

金管理、提高财政资金使用效益，财政部于 2019 年 6 月印发《水污染防治资金管理办法》（财资环〔2019〕10 号），明确防治资金实施期限至 2020 年，防治资金重点支持范围包括重点流域水污染防治、集中式饮用水水源地保护、良好水体保护、地下水污染防治以及其他需要支持的事项，防治资金采取因素法和项目法相结合的方式分配。

表 2-1　2019 年水污染防治资金安排　　单位：亿元

序号	省份	长江经济带生态保护修复奖励资金	流域上下游横向生态保护补偿奖励资金	重点流域水污染防治资金	下达资金
1	北京	—	—	1.31	1.31
2	天津	—	—	5.68	5.68
3	河北	—	6.00	8.02	14.02
4	山西	—		2.95	2.95
5	内蒙古	—		5.12	5.12
6	辽宁	—		5.32	5.32
7	吉林	—		3.50	3.50
8	黑龙江	—		3.31	3.31
9	上海	0.70	—	0.99	1.69
10	江苏	4.86		4.48	9.34
11	浙江	1.41		5.34	6.75
12	安徽	3.69		8.02	11.71
13	福建	—	3.00	1.72	4.72
14	江西	4.01		3.31	7.32
15	山东			7.46	7.46
16	河南			4.46	4.46
17	湖北	2.53	—	8.21	10.74

序号	省份	长江经济带生态保护修复奖励资金	流域上下游横向生态保护补偿奖励资金	重点流域水污染防治资金	下达资金
18	湖南	5.66	—	4.00	9.66
19	广东	—	—	5.40	5.40
20	广西	—	4.00	1.09	5.09
21	海南	—	—	0.56	0.56
22	重庆	3.22	—	2.55	5.77
23	四川	8.36	—	5.79	14.15
24	贵州	6.13	—	2.74	8.87
25	云南	5.43	—	8.87	14.30
26	西藏	2.00	—	1.41	3.41
27	陕西	—	—	3.16	3.16
28	甘肃	—	—	4.58	4.58
29	青海	2.00	—	3.35	5.35
30	宁夏	—	—	2.21	2.21
31	新疆	—	—	2.09	2.09
	总计	50.00	13.00	127.00	190.00

中央财政累计安排大气污染防治资金 778 亿元。2019 年 6 月，财政部印发《关于下达 2019 年度大气污染防治资金预算的通知》，下达各省（区、市）2019 年大气污染防治资金，用于支持开展大气污染防治方面相关工作。大气污染防治资金于 2013 年设立，截至 2019 年年底，中央财政累计安排大气污染防治资金 778 亿元，其中，2019 年安排大气污染防治资金 250 亿元（清洁取暖试点资金 152 亿元，打赢蓝天保卫战重点任务资金 95.94 亿元，氢氟碳化物销毁资金 2.06 亿元）（表 2-2）。大气污染防治工作取得了明显成效，煤炭消费占一次能源的比重从 2013 年的 67.4%降至 2018 年

的 59.0%，煤炭消费比重首次降至 60% 以下；清洁能源消费占比从 2013 年的 15.5% 提升至 2018 年的 22.1%[①]。

表 2-2　2019 年大气污染防治资金安排　　　单位：亿元

序号	省份	清洁取暖试点资金	打赢蓝天保卫战重点任务资金	氢氟碳化物销毁资金	下达资金
1	北京	—	3.73	—	3.73
2	天津	8.00	4.88	—	12.88
3	河北	39.20	28.30	—	67.50
4	山西	27.20	9.49	—	36.69
5	内蒙古	—	1.50	—	1.50
6	辽宁	—	1.50	—	1.50
7	吉林	—	1.50	—	1.50
8	黑龙江	—	1.50	—	1.50
9	上海	—	1.00	—	1.00
10	江苏	—	3.00	0.63	3.63
11	浙江	—	2.00	0.59	2.59
12	安徽	—	5.00	—	5.00
13	福建	—	0.80	—	0.80
14	江西	—	1.50	—	1.50
15	山东	29.60	9.66	0.72	39.98
16	河南	35.20	4.85	—	40.05
17	湖北	—	1.50	—	1.50
18	湖南	—	1.50	—	1.50

---

① 数据来源：中国节能协会冶金工业节能专业委员会，《中国钢铁工业节能低碳发展报告 2019》。

序号	省份	清洁取暖试点资金	打赢蓝天保卫战重点任务资金	氢氟碳化物销毁资金	下达资金
19	广东	—	1.00	—	1.00
20	海南	—	0.80	—	0.80
21	重庆	—	1.50	—	1.50
22	四川	—	1.50	0.12	1.62
23	贵州	—	0.80	—	0.80
24	陕西	12.80	3.13	—	15.93
25	甘肃	—	1.00	—	1.00
26	宁夏	—	1.50	—	1.50
27	新疆	—	1.50	—	1.50
	合计	152.00	95.94	2.06	250.00

出台《土壤污染防治专项资金管理办法》。 土壤污染防治专项资金于 2016 年设立,截至 2019 年年底,中央累计安排土壤污染防治专项资金 219.1 亿元,其中,2019 年安排土壤污染防治专项资金 50 亿元(表 2-3)。为规范和加强土壤污染防治专项资金管理、提高财政资金使用效益,2019 年 6 月财政部印发了《土壤污染防治专项资金管理办法》(财资环〔2019〕11 号),明确专项资金执行期限至 2020 年,专项资金支持范围包括土壤污染状况详查和监测评估,建设用地、农用地地块调查及风险评估,土壤污染源头防控,土壤污染风险管控,土壤污染修复治理,设立省级土壤污染防治基金,土壤环境监管能力提升以及与土壤环境质量改善密切相关的其他内容等。

表 2-3　2019 年度土壤污染防治专项资金安排　　单位：万元

序号	省份	资金
1	北京	184
2	天津	1 409
3	河北	29 382
4	山西	4 442
5	内蒙古	14 255
6	辽宁	6 555
7	吉林	2 787
8	黑龙江	4 264
9	上海	1 365
10	江苏	15 736
11	浙江	29 240
12	安徽	8 692
13	福建	12 810
14	江西	12 917
15	山东	18 434
16	河南	10 627
17	湖北	26 919
18	湖南	57 462
19	广东	31 375
20	广西	34 147
21	海南	3 828
22	重庆	4 907
23	四川	10 281
24	贵州	42 582
25	云南	70 804

序号	省份	资金
26	西藏	886
27	陕西	15 930
28	甘肃	12 525
29	青海	12 857
30	宁夏	1 271
31	新疆	1 127
	总计	500 000

出台《农村环境整治资金管理办法》。农村环境整治资金自 2008 年设立，截至 2019 年，中央财政安排专项资金 536.8 亿元，其中 2019 年中央财政安排专项资金 41.8 亿元（表 2-4）。为加强农村环境整治资金使用管理，财政部于 2019 年 6 月印发《农村环境整治资金管理办法》（财资环〔2019〕12 号），明确专项资金实施期限至 2020 年，专项资金重点支持范围包括农村污水和垃圾处理、规模化以下畜禽养殖污染治理、农村饮用水水源地环境保护、水源涵养及生态带建设以及其他需要支持的事项。

表 2-4　2019 年农村环境整治资金预算　　　　单位：万元

序号	省份	资金	其中：农村污水治理综合试点
1	北京	1 866	—
2	天津	1 665	—
3	河北	36 349	4 200
4	上海	1 330	—
5	安徽	13 101	—
6	福建	8 353	—
7	江西	40 690	4 200
8	山东	35 527	—

序号	省份	资金	其中：农村污水治理综合试点
9	湖北	18 930	4 200
10	湖南	48 229	—
11	广东	10 926	—
12	海南	5 434	4 200
13	山西	6 298	—
14	内蒙古	3 702	
15	辽宁	10 397	4 200
16	吉林	6 274	4 200
17	黑龙江	3 084	
18	河南	22 046	
19	广西	6 175	
20	重庆	9 750	—
21	四川	23 672	4 200
22	贵州	13 234	
23	云南	27 782	
24	西藏	15 787	4 200
25	陕西	18 900	4 200
26	甘肃	9 396	4 200
27	青海	10 000	—
28	新疆	9 454	
	总计	418 351	42 000

专项资金支持开展城市黑臭水体治理。自 2018 年起，财政部、住房和城乡建设部、生态环境部共同组织实施城市黑臭水体治理示范工作，中央财政分批下达专项资金，支持部分治理任务较重的地级及以上城市开展城市黑臭水体治理。2018 年首批支持 20 个城市，每个城市支持 6 亿元，资

金分年拨付，入围城市按要求制定城市黑臭水体治理 3 年方案。2019 年 10 月，财政部等三部委公布了第三批城市黑臭水体治理示范城市，包括衡水、晋城、呼和浩特、营口、四平、盐城、芜湖、莆田、宜春、济南、周口、襄阳、汕头、深圳、贺州、三亚、南充、铜川、银川、平凉等城市。

2.4 环境补贴政策

2.4.1 环保电价补贴政策

电价补贴政策激励火电行业脱硫、脱硝取得巨大进展。自 2004 年开始，我国对进行烟气二氧化硫治理的燃煤电厂给予环保电价补贴，逐渐形成脱硫电价补贴、脱硝电价补贴、除尘电价补贴和"超低排放"电价加价等针对燃煤发电企业实施大气污染物排放控制的环保电价补贴政策。脱硫电价补贴是最早实施的环保补贴政策，2004 年 6 月国家发展改革委规定，对新投产并安装脱硫设施的燃煤发电机组额外增加 0.015 元/（kW·h）的电价补贴，这是在 2004 年 1 月开始强制执行二氧化硫排放限值（由 1 200 mg/m^3 调到 400 mg/m^3）后出台的，也是政府首次对符合环保排放标准的燃煤电厂直接给予电力售价补贴，2005 年 4 月，这一补贴政策扩大到所有安装脱硫设施的燃煤发电机组。脱硫电价补贴政策对加快脱硫环保改造极具促进作用，也为后续出台的脱硝电价补贴、除尘电价补贴、"超低排放"电价加价提供了借鉴。

脱硝电价补贴最早于 2011 年 12 月开始实施，在南方、华北、西北、华东、华中电网所辖的北京等 14 个省（区、市）开始试点，燃煤电厂氮氧化物排放限值由 450 mg/m^3 调至 100 mg/m^3，电价补贴标准为 0.008 元/（kW·h）。2013 年 1 月，这一补贴政策由试点的 14 个省（区、市）部分燃煤发电机组扩大为全国所有燃煤发电机组。为加快燃煤发电机组脱硝设施

建设，提高发电企业脱硝积极性，减少氮氧化物排放，燃煤发电企业脱硝电价补贴标准由 0.008 元/（kW·h）提高至 0.01 元/（kW·h）。脱硝电价补贴政策极大地加快了在役机组和新建机组加装脱硝设备的进度。

除尘电价补贴于 2013 年 9 月开始实施，是对采用新技术进行除尘设施改造、烟尘排放浓度低于 30 mg/m³（重点地区低于 20 mg/m³），并经环境保护部门验收合格的燃煤发电企业除尘成本予以适当支持，电价补贴标准为 0.002 元/（kW·h）。除尘电价政策出台的时间最短，但也加速了煤电行业新一轮的除尘改造。

自《煤电节能减排升级与改造行动计划（2014—2020 年）》印发后，燃煤电厂超低排放改造在全国范围内开始启动。国家发展改革委等三部委印发了《关于实行燃煤电厂超低排放电价支持政策有关问题的通知》，以 2016 年 1 月 1 日为界，对先后并网的超低排放机组给予 0.01 元/（kW·h）或 0.005 元/（kW·h）的补贴。在环保电价政策的激励下，发电企业实施脱硫、脱硝及除尘设施改造的积极性明显提高，有效促进了减排目标的实现。截至 2019 年年底，全国已投运火电厂烟气脱硫机组容量约 8.8 亿 kW，占全国火电机组总容量的 83.8%，占全国煤电机组总容量的 93.6%。全国已投运煤电烟气脱硫机组容量超过 9.4 亿 kW，占全国煤电机组总容量的 95.8%；其余煤电机组主要使用循环流化床锅炉，采用燃烧中脱硫技术。全国已投运火电厂烟气脱硝机组容量约 10.2 亿 kW，占全国火电机组总容量的 92.3%。其中，煤电烟气脱硝机组容量约 9.6 亿 kW，占全国煤电机组总容量的 98.4%。

目前，环保电价由脱硫电价 [0.015 元/（kW·h）]、脱硝电价 [0.01 元/（kW·h）]、除尘电价 [0.002 元/（kW·h）] 构成，共计 0.027 元/（kW·h）。如果算上超低排放电价，最高可达到 0.037 元/（kW·h）。2017 年 5 月召开的国务院常务会议上，李克强总理指出："调整电价结构，采取适当降低脱硫脱硝电价等措施，减轻企业用电负担"，这预示着环保电价将逐步降低，这也将对以后煤电行业在低环保补贴电价甚至无环保补贴电价情况下的环保工作产生影响。

2.4.2 新能源补贴政策

新能源汽车补贴政策退坡。2019 年 3 月，财政部等四部委发布了《关于进一步完善新能源汽车推广应用财政补贴政策的通知》（财建〔2019〕138 号），明确将降低新能源乘用车、新能源客车、新能源货车补贴标准，对新能源乘用车、新能源客车、新能源货车的补贴标准和技术要求做了新的规定，提高对续航里程和电池系统能量密度的要求，对续航里程在 250 km 以下以及电池系统能量密度低于 125 W·h/kg 的纯电动乘用车取消补贴，而 2018 年续航里程在 250 km 以下以及电池系统能量密度低于 125 W·h/kg 的纯电动乘用车分别可享受 1.5 万元和 2.4 万元的补贴。2019 年 6 月补贴过渡期之后，取消地方财政对新能源车辆的购置补贴，转为补贴充电基础设施建设等。续航里程大于等于 250 km、小于 400 km 的纯电动乘用车补贴降低至 1.8 万元，续航里程为 400 km 及以上的纯电动乘用车补贴从上年的 5 万元降至 2.5 万元（表 2-5）。

表 2-5　新能源乘用车补贴标准　　　　　　　　单位：万元/辆

车辆类型	纯电动续航里程 R（工况法，km）		
	$250 \leqslant R < 400$	$R \geqslant 400$	$R \geqslant 50$
纯电动乘用车	1.8	2.5	—
插电式混合动力乘用车（含增程式）	—		1

纯电动乘用车单车补贴金额=min{里程补贴标准，车辆带电量×550 元}×电池系统能量密度调整系数×车辆能耗调整系数。

对于非私人购买或用于营运的新能源乘用车，按照相应补贴金额的 0.7 倍给予补贴。

19

光伏发电补贴退坡，实行光伏发电补贴竞价。近年来，我国风电、光伏发电持续快速发展，技术水平不断提升，成本显著降低，开发建设质量和消纳利用能力明显提高。2019 年 1 月，国家发展改革委、国家能源局联合印发《关于积极推进风电、光伏发电无补贴平价上网有关工作的通知》（发改能源〔2019〕19 号），明确了通过电力市场化交易、无补贴方式促进风电、光伏发电发展，完善需国家补贴的项目竞争配置机制，减少行业发展对国家补贴的依赖。2019 年 5 月，国家能源局发布了《关于 2019 年风电、光伏发电项目建设有关事项的通知》，启动了 2019 年光伏发电国家补贴竞价项目申报工作。2019 年 7 月，国家能源局正式公布 2019 年光伏发电项目国家补贴竞价结果，拟将北京、天津等 22 个省（区、市）的 3 921 个项目纳入 2019 年国家竞价补贴范围。实行光伏发电补贴竞价是光伏发电建设管理政策的一次重大改革和创新。实行这项新机制后，光伏发电发展的市场化导向更明确、补贴退坡信号更清晰、财政补贴和消纳能力落实的要求更强化、"放管服"的改革方向更坚定（表 2-6）。

表 2-6   国家光伏发电补贴竞价项目的电价补贴情况

类型	补贴强度
Ⅰ类资源区	普通光伏电站平均补贴强度为 0.066 3 元/（kW·h），最低补贴强度为 0.005 0 元/（kW·h）；全额上网分布式项目平均补贴强度为 0.062 4 元/（kW·h），最低补贴强度为 0.006 0 元/（kW·h）
Ⅱ类资源区	普通光伏电站平均补贴强度为 0.038 1 元/（kW·h），最低补贴强度为 0.002 0 元/（kW·h）；全额上网分布式项目平均补贴强度为 0.055 8 元/（kW·h），最低补贴强度为 0.018 8 元/（kW·h）
Ⅲ类资源区	普通光伏电站平均补贴强度为 0.074 9 元/（kW·h），最低补贴强度为 0.000 1 元/（kW·h）；全额上网分布式项目平均补贴强度为 0.084 6 元/（kW·h），最低补贴强度为 0.004 7 元/（kW·h）。自发自用、余电上网分布式项目平均补贴强度为 0.040 4 元/（kW·h），最低补贴强度为 0.000 1 元/（kW·h）

2.4.3 "双替代"补贴政策

中央财政资金补贴大力支持清洁取暖工作。清洁取暖的设备投入和运维成本相对较高,农村居民对取暖费用的承受能力存在一定差异性,整体的支付意愿不高。财政补贴成为降低居民取暖支出、顺利推进冬季清洁取暖试点工作的重要保障。2017 年 5 月,财政部、住房和城乡建设部、环境保护部、国家能源局联合发布了《关于开展中央财政支持北方地区冬季清洁取暖试点工作的通知》(财建〔2017〕238 号),明确中央财政支持北方地区冬季清洁取暖试点工作,通过竞争性评审确定了首批 12 个试点城市。2018 年 7 月,试点范围新增 23 个试点城市,扩展至京津冀及周边地区大气污染防治传输通道"2+26"城市、张家口市和汾渭平原城市。2019 年 6 月,财政部印发《关于下达 2019 年度大气污染防治资金预算的通知》(财资环〔2019〕6 号),清洁取暖试点再次扩围,总计 43 个城市,中央财政奖补资金达 152 亿元。

地方出台补贴政策推进清洁取暖工作。天津市 2017 年 11 月印发《天津市居民冬季清洁取暖工作方案》,明确清洁取暖补贴期限暂定 3 年。为确保群众用得起、用得好,经多次研究,2019 年 11 月,天津市发展改革委会同天津市财政局起草了《关于延长执行我市居民冬季清洁取暖有关运行政策的通知》,面向全社会公开征求意见,清洁取暖补贴拟延长 3 年。山东省人民政府于 2018 年 8 月印发《山东省冬季清洁取暖规划(2018—2022年)》,明确扩大价格政策支持范围,完善电代煤、气代煤价格体系。为了减轻财政负担,鹤壁、焦作、濮阳、咸阳等城市探索了"补初装不补运行"的补贴政策。

清洁取暖补贴政策成效显著。试点城市均制定了清洁取暖补贴政策,以"煤改气"和"煤改电"补贴政策为主,包括设备补贴和运行补贴。在

设备补贴方面，补贴比例普遍高于 50%，"煤改气"设备补贴上限为 2 000～8 000 元，"煤改电"设备补贴上限为 2 000～27 000 元；天津、太原等个别城市对不同的电采暖设备制定了不同的补贴标准，以体现技术差异性。在运行补贴方面，气价补贴为 0.5～1.4 元/m³，最高补贴为 400～2 400 元；电价补贴为 0.1～0.3 元/（kW·h），最高补贴为 400～2 400 元。截至 2019 年 9 月，北方地区冬季清洁取暖率达到了 50.7%，较 2016 年提高了 12.5 个百分点，替代散烧煤约 1 亿 t，"2+26"城市的清洁取暖率达到了 72%，其中城市地区的清洁取暖率达到 96%，县城和城乡接合部的清洁取暖率达到 75%，农村地区的清洁取暖率达到 43%。空气质量显著改善，北方地区秋冬季雾霾天数下降，空气质量达标天数逐年增加，特别是京津冀地区的空气改善更加明显，2019 年，京津冀及周边城市 $PM_{2.5}$ 平均浓度为 57 μg/m³，较 2016 年下降了 16 μg/m³。

清洁取暖补贴政策亟待优化。当前中央财政补贴清洁取暖是按照行政级别支付定额补助的，未充分体现试点城市改造任务量的差异，试点城市改造任务差距大，缺乏导向性及精准性设计。中央财政的清洁取暖试点城市奖补资金覆盖 2019 年改造所需投资总额的 20%左右，地方政府财政压力巨大，部分试点城市地方配套资金到位率较低。相较于散煤采暖，农村地区清洁取暖使用成本较高，即使享受价格补贴，农村居民采暖支出仍普遍增加。清洁取暖主要依赖政府直接投入，部分地区以特许经营或 PPP 模式引入社会资本（如热力、电力、燃气企业）开展投资建设和运维，但由于清洁取暖项目盈利水平较低，市场积极性不高，清洁取暖市场化机制尚未建立。因此，未来清洁取暖补贴政策应进一步细化补贴标准，发挥中央财政支持作用，充分利用市场吸引社会资本投入，建立多元化投融资机制，已大规模推进农村清洁取暖改造并已制定清洁取暖补贴政策的地区应继续制定新的补贴政策（专栏 2-1）。

专栏 2-1   天津市居民冬季清洁取暖补贴政策实施进展

"煤改电"补贴政策：居民散煤取暖实施"煤改电"的，采暖期不再执行阶梯电价，每日 20 时至次日 8 时执行 0.3 元/（kW·h）的低谷电价，同时，给予 0.2 元/（kW·h）的补贴，每年最高补贴电量 8 000 kW·h/户，由市、区财政按 4∶6 的比例负担（滨海新区自行负担）。此外，每户每年保供炊事用液化石油气 8 罐（15 kg/罐），每罐补贴 50 元，由区财政负担。上述政策暂定 3 年，自 2020 年 11 月起至 2023 年 3 月止。

"煤改气"补贴政策：居民散煤取暖实施"煤改气"的，采暖期不再执行阶梯气价，燃气管网居民独立采暖执行第一档用气价格。同时，给予 1.2 元/m³ 的补贴，每年最高补贴气量 1 000 m³/户，由市、区财政按 4∶6 的比例负担（滨海新区自行负担）。上述政策暂定 3 年，自 2020 年 11 月起至 2023 年 3 月止。自 2020 年 11 月起，对日常仍采用液化天然气（LNG）、压缩天然气（CNG）供气的，企业购气价格超出燃气管网居民用气销售价格部分，除特殊情况外，原则上不再给予补贴。

2.4.4 绿色农业补贴政策

中央财政对耕地轮作休耕制度试点给予适当补助。2019 年 3 月，农业农村部、财政部联合印发《关于做好 2019 年耕地轮作休耕制度试点工作的通知》，明确 2019 年实施耕地轮作休耕制度试点面积 3 000 万亩[①]（表 2-7），中央财政对耕地轮作休耕制度试点给予适当补助。在补贴操作方式上，可以补现金，也可以补实物，还可以购买社会化服务，提高试点工作的可操作性和实效性。河北省、湖南省统筹安排休耕试点所需资金与中央财政地下水超采区综合治理补助资金和重金属污染耕地综合治理补助资金。

---

① 1 亩=1/15 hm²。

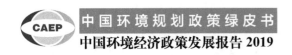

中国环境规划政策绿皮书
中国环境经济政策发展报告 2019

表 2-7   2019 年耕地轮作休耕制度试点任务安排

类型	省份	试点面积/万亩
轮作	河北	20
	内蒙古	500
	辽宁	50
	吉林	150
	黑龙江（含农垦）	1 100
	江苏	25
	安徽	50
	江西	25
	山东	50
	河南	50
	湖北	140
	湖南	140
	四川	200
	小计	2 500
休耕	河北	200
	黑龙江（含农垦）	200
	湖南	20
	贵州	18
	云南	18
	甘肃	28
	新疆	16
	小计	500
	合计	3 000

24

各地加大秸秆综合利用补贴力度。黑龙江省人民政府办公厅于 2019 年 10 月印发《2019 年黑龙江省秸秆综合利用工作实施方案》，进一步加大秸秆综合利用，特别是加大秸秆还田环节政策支持力度，重点在秸秆还田、秸秆离田和能力建设 3 个方面给予政策扶持（专栏 2-2）。吉林省农业委员会、财政厅出台《2019—2025 年全省秸秆覆盖还田保护性耕作作业补贴实施方案》，对秸秆覆盖还田免耕播种作业或高留根茬秸秆覆盖还田免耕播种作业给予补贴，从 2018 年起，以 2019—2020 年、2021—2022 年、2023—2024 年两年为一个周期落实补贴作业面积。

专栏 2-2　黑龙江省秸秆综合利用补贴政策

基本原则：坚持还田利用为主、离田利用为辅、各级财政共担、全作业环节补贴的原则。

秸秆还田补贴：玉米秸秆全量翻埋和碎混还田每亩补贴 40 元；玉米秸秆覆盖还田每亩补贴 10 元；水稻秸秆翻埋还田每亩补贴 15 元；水稻秸秆本田腐熟每亩补贴 20 元。

秸秆离田补贴：秸秆离田并转化利用每吨补贴 50 元；玉米青贮在国家每吨补贴 60 元的基础上，配套增加每吨 40 元补贴；暂没有利用途径的秸秆离田作业，玉米每亩补贴 15 元、水稻每亩补贴 10 元。

能力建设补贴：秸秆还田、离田机具购置在享受国家补贴 30% 的基础上，省级增加 20% 累加补贴；秸秆固化成型燃料站按照 0.25 万 t、1 万 t 和 2 万 t 的产能分别给予 70 万元、150 万元和 177 万元定额补贴；秸秆工业原料化项目按年产能一次性给予每吨秸秆 100 元的补贴；生物质炉具购置按照 70% 的比例补贴 1 470 元。

"以奖代补"推广绿色循环、优质高效特色农业。2018 年，农业农

村部、财政部启动绿色循环、优质高效特色农业促进项目建设，在河北省内丘县等 32 个县（市、区）实施绿色循环、优质高效特色农业促进项目。2019 年 3 月，农业农村部办公厅、财政部办公厅联合发布《关于做好 2019 年绿色循环优质高效特色农业促进项目实施工作的通知》（农办计财〔2019〕22 号），继续支持部分省份实施绿色循环、优质高效特色农业促进项目（专栏 2-3）。

专栏 2-3 "以奖代补"支持绿色循环、优质高效特色农业促进项目

主要支持内容：建设全程绿色标准化生产基地；完善产加销一体化发展全链条；加强质量管理和品牌运营服务。

支持方式：2019 年选择优势特色主导产业发展基础好、提质增效潜力大、地方政府高度重视的项目推进实施，支持山西、吉林、江苏、江西、河南、湖北、湖南、海南、四川、宁夏 10 个省（区）实施绿色循环、优质高效特色农业促进项目。中央财政通过"以奖代补"方式对实施绿色循环、优质高效特色农业促进项目予以支持。农业农村部、财政部统筹相关因素测算补助资金。各省（区）根据建设条件择优确定不超过 3 个项目（优先支持符合条件的贫困县申请的项目），每个项目中央财政补助资金不低于 1 800 万元。各地可按规定积极统筹整合其他相关渠道资金，集中用于绿色循环、优质高效特色农业发展。

建设条件：一是地方政府有积极性；二是优势特色主导产业发展基础好；三是优势特色产业融合发展潜力大，拥有示范带动能力较强的农业产业化龙头企业或农民合作社，能够带动小农户分享产业增值收益。

2.5 政府绿色采购

对政府采购节能产品、环境标志产品实施品目清单管理。2019 年 2 月，财政部、国家发展改革委、生态环境部、国家市场监管总局联合印发的《关于调整优化节能产品、环境标志产品政府采购执行机制的通知》（财库〔2019〕9 号），明确提出根据产品节能环保性能、技术水平和市场成熟程度等因素，确定实施政府优先采购和强制采购的产品类别及所依据的相关标准规范，以品目清单的形式发布并适时调整。不再发布"节能产品政府采购清单"和"环境标志产品政府采购清单"。2019 年 3 月，财政部、生态环境部联合印发的《环境标志产品政府采购品目清单》，共包括 50 个品目，相较于《环境标志产品政府采购清单（第二十二期）》，品目和产品种类、数量有所"扩容"，增加了复印机、载货汽车（含自卸汽车）、客车、专用车辆等产品。2019 年 4 月，财政部、国家发展改革委联合印发的《节能产品政府采购品目清单》，共包括 18 个品目（表 2-8），与《节能产品政府采购清单（第二十四期）》相比，节能产品清单的品目和产品种类、数量大幅"缩水"，少了计算机网络设备、客车、专用车辆等产品。

表 2-8　《节能产品政府采购品目清单》

品目序号	采购品目		
1	A020101 计算机设备	★A02010104 台式计算机	—
		★A02010105 便携式计算机	—
		★A02010107 平板式微型计算机	—
2	A020106 输入输出设备	A02010601 打印设备	A0201060101 喷墨打印机
			★A0201060102 激光打印机
			★A0201060104 针式打印机

品目序号	采购品目		
2	A020106 输入输出设备	A02010604 显示设备	*A0201060401 液晶显示器
		A02010609 图形图像输入设备	A0201060901 扫描仪
3	A020202 投影仪	—	
4	A020204 多功能一体机		
5	A020519 泵	A02051901 离心泵	
6	A020523 制冷空调设备	*A02052301 制冷压缩机	冷水机组
			水源热泵机组
			溴化锂吸收式冷水机组
		*A02052305 空调机组	多联式空调（热泵）机组（制冷量＞14 000W）
			单元式空气调节机（制冷量＞14 000W）
		*A02052309 专用制冷、空调设备	机房空调
		A02052399 其他制冷、空调设备	冷却塔
7	A020601 电机	—	—
8	A020602 变压器	配电变压器	—
9	*A020609 镇流器	管型荧光灯镇流器	—
10	A020618 生活用电器	A0206180101 电冰箱	—
		*A0206180203 空调机	房间空气调节器
			多联式空调（热泵）机组（制冷量≤14 000W）
			单元式空气调节机（制冷量≤14 000W）
		A0206180301 洗衣机	—
		A02061808 热水器	*电热水器
			燃气热水器
			热泵热水器
			太阳能热水系统

品目序号	采购品目		
11	A020619 照明设备	*普通照明用双端荧光灯	—
		LED 道路/隧道照明产品	—
		LED 筒灯	—
		普通照明用非定向自镇流 LED 灯	—
12	*A020910 电视设备	A02091001 普通电视设备（电视机）	—
13	*A020911 视频设备	A02091107 视频监控设备	监视器
14	A031210 饮食炊事机械	商用燃气灶具	—
15	*A060805 便器	坐便器	—
		蹲便器	—
		小便器	—
16	*A060806 水嘴	—	—
17	A060807 便器冲洗阀	—	—
18	A060810 淋浴器	—	—

注：①节能产品认证应依据相关国家标准的最新版本，依据国家标准中二级能效（水效）指标。

②上述产品中认证标准发生变更的，依据原认证标准获得的、仍在有效期内的认证证书可使用至 2019 年 6 月 1 日。

③以"★"标注的为政府强制采购产品。

2.6 存在的问题与发展方向

2.6.1 存在的问题

生态环保财政支出力度和支出效率有待进一步加强。尽管生态环保财政投入不断增加，但生态环保投入资金总量不足，用于生态环境保护的投资总额占 GDP 的比重依然过低，仅为 1.15%（2017 年）。目前，我国生态环境形势依然严峻，历史欠账多，新的生态环境问题不断涌现，财政投入总量与环境治理资金需求之间仍有很大差距。另外，长期以来，财政生态环保资金重投资、轻效益的项目实施与管理方式，导致许多项目虽然有固定资产形成，但缺乏后期运行维护的资金，不能有效发挥投资效益。

财政补贴政策制度尚需进一步完善。当前，财政补贴政策面临着顶层设计缺乏，政策体系不完善，技术支持、资金投入不足等方面的制约，推行清洁能源和转变清洁生活方式的激励机制还不够，如中央财政补贴清洁取暖是按照行政级别支付定额补助的，未充分体现试点城市改造任务量的差异，补贴制度设计不合理，缺乏导向性及精准性设计，市场积极性不高。

政府绿色采购工作仍存在问题。我国政府绿色采购法律制度不完善，《中华人民共和国政府采购法》对我国政府绿色采购工作起到宏观的指导作用，但是原则性较强，可行性和操作性需进一步完善，同时缺乏有效的绿色产品认证机构做支撑，具备绿色产品认证资格的机构的认证标准不相同，导致不同的认证机构对同一种产品的认证结果不同。随着国家对绿色产品制定了统一标准，企业在绿色产品研发等方面将加大投入，使绿色产品生产成本增加，导致绿色产品采购价格偏高，增加政府绿色采购工作难度。另外，一些地方尚未形成自觉采购节能、环保产品的意识，民众对绿色采购的认识程度还有待加强。

2.6.2 发展方向

建立生态环境保护财政投入的动态增长机制。中央和地方两个层面同时增加财政"211节能环保科目"预算支出规模，加大对水、大气、土壤、生态功能区生态环境质量改善显著地区以及生态系统修复保护成效显著地区的财政转移支付激励，加大对当前重点区域、重点流域、城市群的支持力度，加大对水、大气、土壤、固体废物、生态修复等环保短板领域的支撑，加强对跨区域、跨流域等重大规划实施、重大项目建设、重大政策实施，以及环境保护薄弱环节和领域等方面的引导，确保资金投向与未来阶段环境短板攻坚重点任务的一致性。

建立健全财政补贴政策体系。加强财政补贴政策制度的顶层设计，尽快明确电价补贴等政策目标，将电价补贴由暗补变为明补，结合电价改革进程，配套改革不同种类电价之间的交叉补贴政策，降低对工商业用户的交叉补贴。优化并适当延续新能源补贴政策，在新能源汽车使用端继续给予补贴，加大新能源汽车补贴力度。完善相关清洁取暖技术的标准和法律规范，进一步细化清洁取暖补贴标准，充分发挥中央财政的支持作用，利用市场吸引社会资本投入，完善多元化投融资机制，建立常态化稳定的资金来源渠道。加大政府生态环境投入规模和引导力度，形成稳定的资金来源渠道，加大重大环保项目资金保障力度。

完善政府绿色采购制度。以《中华人民共和国政府采购法》《中华人民共和国政府采购法实施条例》为基础，借鉴其他国家绿色采购的做法，结合我国实际情况，制定适合我国国情的绿色采购方案，大力推广好的经验和做法。加强绿色采购管理，将制定的绿色产品采购政策落实到政府采购工作中，推进绿色采购法制化、标准化、规范化。完善绿色产品采购清单，进一步扩大采购范围。加大宣传力度，增强民众对绿色产品的认识，为建设环境友好型社会提供良好的保障。

3

环境资源价格政策

多地创新和完善绿色发展价格机制。自 2018 年国家发展改革委发布《关于创新和完善促进绿色发展价格机制的意见》（发改价格规〔2018〕943号）以来，青海、河南、云南、内蒙古等多个省（区）推出相关政策，提出按照"污染者付费"和"补偿成本并合理盈利"的原则，将污水处理费、固体废物处理费、水价、电价、天然气价格等收费政策向环境保护企业倾斜，创造更加有利于环保投资、营运的环境，不断加大环保企业盈利空间，催生环保行业的投资机会。

3.1 水价政策

安徽省调整地下水水资源费征收标准。 2019 年 5 月，安徽省发展改革委、财政厅、水利厅联合印发的《关于调整地下水水资源费征收标准的通知》，提出调整地下水水资源费征收标准，对超采区（包括一般超采区、严重超采区）和非超采区实行差别化标准征收地下水水资源费。非超采区（不含特种行业和公共供水管网覆盖范围）和公共供水执行现行标准不变，以非超采区地下水水资源费标准为基准，一般超采区地下水水资源费标准比非超采区提高约 0.5 倍、严重超采区比非超采区提高 1 倍（图 3-1）。此次调整有利于强化地下水水资源节约利用和有效保护，提高全社会节水意识，加快节水型社会建设。除安徽省外，其他各地水资源费（税）最低平均征收标准如图 3-2 所示，其中北京、天津、山西、内蒙古、山东、河南、四川、陕西、宁夏 9 个省（区、市）试点推行水资源税征收管理，北京市的水资源税在全国最高，地表水、地下水水资源税的平均征收标准分别为 1.6 元/m³、4 元/m³，天津市的地下水水资源税的平均征收标准与北京市持平，地表水水资源税的平均征收标准为 0.8 元/m³。

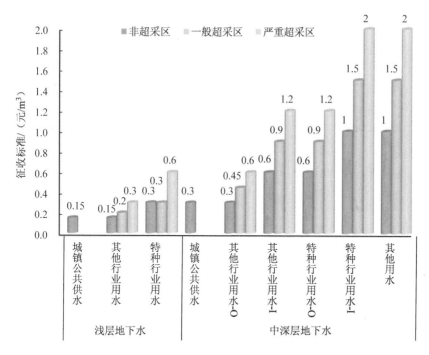

图 3-1　2019 年安徽省地下水水资源费征收标准

注：图中"O"代表公共供水管网覆盖外，"I"代表公共供水管网覆盖内。

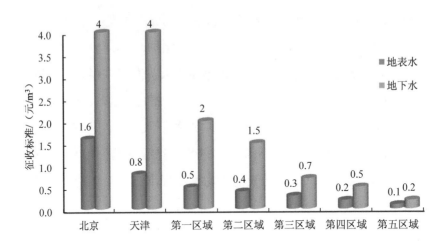

图 3-2　各地（除安徽省外）水资源费（税）最低平均征收标准

注：第一区域：山西、内蒙古；第二区域：河北、山东、河南；第三区域：辽宁、吉林、黑龙江、宁夏、陕西；第四区域：江苏、浙江、广东、云南、甘肃、新疆；第五区域：上海、福建、江西等 12 省（区、市）。

水资源费改税试点改革积极推进。水资源税改革试点的 9 个省（区、市）加快建立配套征管制度，出台多项专门管理制度，北京、内蒙古、河南、宁夏等省（区、市）印发水资源税征管应急预案，建立健全水资源税改革应急工作机制；天津、河南、四川、陕西、宁夏等省（区、市）印发水资源税纳税人信息移交相关办法，促进了水利、税务部门的工作衔接和信息共享。扩大试点范围，加强组织领导，水利部门、税务部门密切协作，协调推进税收征管工作，为水资源税试点改革顺利推进提供有力的组织保障。

水资源费改税试点改革成效明显。一是抑制了地下水超采，地下水取水量明显下降。如河北省关停自备井 4 970 眼，60%的深层地下水埋深呈回升态势；对天津市以地下水为主的行业进行同期取水量对比，取水量较改革前下降 34.5%；山西太原所辖企业主动关闭自备井 22 眼，日均减少取用地下水量 6.2 万 m³/d。二是企业用水结构得到优化，高耗水、特种行业用水方式逐步转变。如四川省纳入水利部门水量监控的 6 家大型造纸企业用水总量同期相比下降 63%。三是取水许可管理进一步规范，倒逼应办未办取水许可的用水户补办许可证。据统计，陕西省 369 户无证取用水户主动办证，并安装计量设施，缴税款约 900 万元。

居民阶梯水价改革不断深化。2019 年 4 月，国家发展改革委、水利部印发《国家节水行动方案》（发改环资规〔2019〕695 号），要求全面深化水价改革，适时完善居民阶梯水价制度。目前，全国 31 个省（区、市）已全部建立实施了居民阶梯水价制度，大部分城市已经实施并完善城镇非居民用水超定额、超计划累进加价制度，发挥了价格机制在水资源配置中的调节作用和用水定额的引导作用。湖南省发展改革委发布的《关于 2019 年部分县城建立居民阶梯水价制度的通知》，提出重点推进郴州市桂东县、桂阳县，衡阳市南岳区等 15 个县（区）建立居民阶梯水价制度。2019 年全国 36 个大、中城市实行居民阶梯水价（不含污水处理费），居民第一阶梯水价较高的城市主要集中在华北地区，如北京、天津、石家庄等城市，这在一定程度上反映了华北地区水资源的稀缺程度，但价格均未突破 5 元/m³。拉萨、武汉和海口等城市的第一阶梯水价较低。居民第二阶梯水价突破 5 元/m³ 的城市为北京、长春、天津，第三阶梯水价最高和最低的城市分别为济南和武汉。

加快推进农业水价综合改革。农业水价综合改革稳步推进，2016 年、2017 年、2018 年分别增加改革实施面积约 0.2 亿亩、0.3 亿亩、1.1 亿亩，改革成效逐步显现。2019 年 5 月，国家发展改革委、财政部、水利部、农业农村部联合印发《关于加快推进农业水价综合改革的通知》，提出 2019 年新增改革实施面积 1.2 亿亩以上，北京、上海、江苏、浙江等重点地区确保改革任务落地，明确 2019 年农业水价综合改革工作绩效考核内容主要包括当年改革实施面积、供水计量设施配套、农业用水总量控制、田间工程管护、水价形成机制、精准补贴和节水奖励 6 项重点改革内容。福建、

广东、河南、湖南等省也陆续发布相关推进农业水价综合改革工作的通知，扎实开展各项工作（专栏 3-1）。

专栏 3-1　多地大力推进农业水价综合改革

上海市：上海市自 2018 年开始在典型区、镇试行农业水价综合改革，2019 年在全市全面推开，截至 10 月底，上海市实施农业水价综合改革的面积已达 180 万亩。作为全市首批实施农业水价综合改革的地区，松江区在用水计量方面主要采取了按电计量、以电折水的方式，同时，科学核定各灌区灌水定额。以叶榭镇为例，农业水价综合改革实施后，有效推进了农田灌溉设施长效管理和农业用水管理，农田灌溉设施运行更加高效稳定，村集体和村民资金负担进一步减轻，全镇灌溉设施良好率由之前的不足 60% 提升至 98%，灌溉用水总量下降 24.6%，成效显著。

江苏省南通市：南通市高度重视农业水价综合改革工作，明确时间节点，强化四项措施，大力推进农业水价综合改革工作向纵深发展，截至 2019 年 12 月底，全市完成农业水价综合改革面积 327 万亩，超额完成省水利厅下达的全年 299 万亩的计划任务。全市强化高位推进，各部门通力合作，市、县、镇上下联动，协调解决改革过程中出现的难题，有力推进农业水价综合改革工作；强化综合施策，加快供水计量设施的安装，同时探索以电折水等多种计量方式，实现 2019 年农业水价综合改革项目实施地区计量设施全覆盖。积极落实精准补贴及节水奖励资金，全市共落实精准补贴资金 960 万元，节水奖励资金 320 万元。

吉林省：吉林省水利厅大力推进农业水价综合改革，确保改革工作落到实处。加大供水计量设施配套建设投入，2019 年共落实中央财政水利发展资金 2 600 万元、省级财政水利发展资金 1 980 万元，用于 11 个改革试点县和 6 个大型灌区的计量设施配套建设。此外，在节水改造项目中还续建 4 个配套大型灌区，落实投资 2 610 万元用于计量设施和信息化系统建设，共配套建设计量设施 581 处，为按方计量收费创造条件。另外，完成大型灌区和重点中型灌区水价测算，建立全省改革台账，进一步厘清改革底数，同时，配合省发改委组织全省各县（市）开展县级改革台账建立工作。

3.2 电价政策

黑龙江等地实施"一户多人口"阶梯电价政策。自 2012 年黑龙江省实行居民阶梯电价政策以来，对于因"一户多人口""几代同堂"等家庭人口较多形成的用电差异情况，黑龙江省一直未出台特殊电价政策。为解决此问题，国网黑龙江省电力有限公司印发了《关于黑龙江省居民家庭"一户多人口"阶梯用电有关事项的通知》，对户籍人口为 5 人以上（不含 5 人）的居民家庭用户，按多出的人口数（即实际人口数减 5）每人每年增加 408 kW·h 的居民阶梯电量基数（第一档、第二档基数同步增加）。新的电价政策于 2020 年 1 月 1 日起执行，可明显降低全年用电费用。为完善居民阶梯电价制度，北京市发展改革委于 2019 年 10 月也正式印发《关于居民生活用电"一户多人口"阶梯电量有关事项的通知》，对实行"一户一表"居民阶梯电价的 6 人（含）以上多人口家庭，给予阶梯电价分档电量每月增加 100 kW·h 的优惠。居民阶梯价格政策得到进一步完善，水、电、气阶梯价格实现了对 6 人（含）以上多人口家庭优惠政策全覆盖。一通则百通，"一户多人口"家庭降电费带动了其他相关公共服务的优化（表 3-1）。

表 3-1　黑龙江省和北京市"一户多人口"阶梯电价政策

省（市）	阶梯分档	电价 (1 kV 以上) [元/(kW·h)]	原居民阶梯电价政策年用电量/(kW·h)	"一户多人口"特殊电价政策 年用电量/(kW·h)		
				6 人家庭	7 人家庭	8 人家庭
黑龙江	年用电量第一档阶梯	0.51	≤2 040	≤2 448	≤2 856	≤3 264
	年用电量第二档阶梯	0.56	2 041～3 120（含）	2 449～3 528（含）	2 857～3 936（含）	3 265～4 344（含）
	年用电量第三档阶梯	0.81	>3 120	>3 528	>3 936	>4 344
北京	年用电量第一档阶梯	0.48	≤2 880		≤4 080	
	年用电量第二档阶梯	0.53	2 881～4 800（含）		4 081～6 000（含）	
	年用电量第三档阶梯	0.78	>4 800		>6 000	

峰谷电价政策调整。2019 年 3 月，国家发展改革委发布《关于电网企业增值税税率调整相应降低一般工商业电价的通知》，开启了降电价热潮。全国已有 26 个省（区、市）发布了 2019 年降电价通知，并公开了降价后电网企业销售电价表，其中以汶川地震甘肃重灾区降价最多，为 5.68 分/(kW·h)，青海、海南、宁夏等省（区）降价也超过 0.05 元/(kW·h)。用电大省、储能热门区域江苏省降价 0.031 元/(kW·h)。此外，安徽省发展改革委印发的《关于贯彻进一步减负增效纾困解难优化环境促进经济持续健康发展若干意见的实施方案》提出，将及时研究制定具体降价方案，确保一般工商业平均电价降低 6.74 分/(kW·h)，较上年下降 10%。北京、天津、上海等 18 个省（市）正在执行峰谷电价，伴随各省工商业电价下调，多数地区峰谷价差也随之缩小。

差别化电价政策继续完善。2019 年，多地发布关于完善差别化电价政策的通知和相关措施，进一步加大差别化电价实施力度（专栏 3-2）。2019 年 9 月，江苏省发展改革委、工业和信息化厅发布《关于完善差别化电价政策 促进绿色发展的通知》，进一步明确差别化电价政策执行范围，实行更加严格的差别化电价政策，实施动态的差别化电价政策管理机制。对能源消耗超过限额标准的企业实行惩罚性电价，最高加价 0.35 元/（kW·h）；对于使用国家明令淘汰的高耗能设备的，实行淘汰类设备差别化电价，加价标准最高 0.50 元/（kW·h）。安徽省发改委发布公告，就完善全省差别化电价政策有关事项向社会各方征求意见。明确在铁合金、水泥、钢铁等七大行业中，属于淘汰类和限制类的企业用电将实行更高用电价格。其中，淘汰类企业用电加价 0.5 元/（kW·h），限制类企业用电加价 0.11 元/（kW·h）。除七大行业外，对省内其他高污染、高耗能、低产出的企业执行差别化电价政策，加价标准暂定为 0.11 元/（kW·h）。

专栏 3-2　山东省积极完善差别化电价政策

山东省发展改革委积极完善差别化电价政策体系，构筑稳固支撑淘汰落后产能和化解过剩产能电价政策的"四梁八柱"。

完善基于用电设备（工艺）的差别化电价政策。对铁合金、电石、烧碱、水泥、钢铁、黄磷、锌冶炼 7 个高耗能行业中限制类、淘汰类的企业，严格执行差别化电价政策。已按照政策界限分五批甄别，公布了 200 家实行差别化电价政策的高耗能企业，累计加价电量 9.7 亿 kW·h，促使企业关停或淘汰落后产能。

研究推行基于污染物排放的差别化电价政策。为推动钢铁行业高质量发展、促进产业转型升级、助力打赢蓝天保卫战，山东省将对逾期未完成超低排放改造的钢铁企业实施加价政策，研究推行基于钢铁企业污染物排放绩效的差别化电价政策，推动钢铁企业超低排放改造。

研究推行基于单位产值能耗的差别化电价政策。为切实推进"亩产效益"资源市场化配置改革试点工作，在建立健全企业分类综合评价机制的基础上，山东省正研究推行"亩产效益"评价改革，倒逼企业提升资源要素利用效率。

推行基于单位产品能耗限额的惩罚性电价政策。为确保完成节能减排目标和关停、淘汰落后产能任务，山东省对能源消耗超过国家和省规定的"单位产品能耗（电耗）限额标准"的企业实行惩罚性电价政策。截至目前，山东省共分三批对 38 家企业实行了惩罚性电价政策，全省超能耗限额产能已经整改达标或退出。

推行基于工业领域能耗标准的阶梯电价政策。山东省规定，对电解铝企业根据铝液电解交流电耗实行不同加价政策，对水泥生产线、水泥熟料生产线、水泥粉磨站根据综合电耗、投产时间的不同分别执行阶梯电价政策，对钢铁企业实行基于粗钢生产主要工序单位产品能耗水平的阶梯电价政策。电价政策出台对相关企业化解产能过剩、加快转型升级、促进技术进步、提高能效水平起到了积极作用，企业能耗指标逐年降低。

推行基于能源领域能耗标准的阶梯电价政策。为促进炼化、焦化行业技术进步，提高能源资源利用效率，推动炼化、焦化行业供给侧结构性改革，山东省对炼化企业实行基于炼油企业单位能量因数能耗标准的阶梯电价政策，对焦化企业实行基于焦炭单位产品能耗标准的阶梯电价政策。

光伏发电电价政策再次调整。为科学合理引导新能源投资、实现资源高效利用、促进公平竞争和优胜劣汰、推动光伏发电产业健康可持续发展，2019 年 4 月，国家发展改革委发布《关于完善光伏发电上网电价机制有关问题的通知》（发改价格〔2019〕761 号），再次调整 2019 年光伏发电上网电价政策。提出适当降低新增分布式光伏发电补贴标准，规定Ⅰ～Ⅲ类资源区新增集中式光伏电站指导价分别为 0.4 元/（kW·h）（含税，下同）、0.45 元/（kW·h）、0.55 元/（kW·h）；"自发自用、余量上网"模式的工商业分布式光伏项目补贴标准为 0.1 元/（kW·h）；户用分布式光伏项目补贴标准调整为 0.18 元/（kW·h）。相较于 2018 年，2019 年Ⅰ～Ⅲ类资源区指导价分别下调了 0.1 元/（kW·h）、0.15 元/（kW·h）、0.15 元/（kW·h），降幅分别为 20%、25%、21.4%（图 3-3）；"自发自用、余电上网"模式的分布式光伏项目的补贴标准则降低了 68.75%。

图 3-3　光伏发电标杆上网电价调整走势

风电上网电价政策不断完善。2019 年 5 月，国家发展改革委发布《关于完善风电上网电价政策的通知》（发改价格〔2019〕882 号），将陆上和海上风电项目电价由标杆上网电价调整为指导价，作为企业申报上网电价的上限，标杆上网电价成为历史，陆上风电上网电价下调速度加快，明确 2019 年Ⅰ～Ⅳ类资源区符合规划、纳入财政补贴年度规模管理的新核准陆上风电指导价分别调整为 0.34 元/（kW·h）、0.39 元/（kW·h）、0.43 元/（kW·h）、0.52 元/（kW·h）（表 3-2），Ⅰ～Ⅲ类资源区的电价比 2018 年的风电标杆

上网电价下调 0.06 元/（kW·h），Ⅳ类资源区下调 0.05 元/（kW·h），2020
年指导价分别调整为 0.29 元/（kW·h）、0.34 元/（kW·h）、0.38 元/（kW·h）、
0.47 元/（kW·h），较 2019 年新核准陆上风电指导价统一再下调 0.05 元/
（kW·h），海上风电上网电价适当下调，2019 年符合规划、纳入财政补贴年
度规模管理的新核准近海风电指导价调整为 0.8 元/（kW·h），较之前的标杆
上网电价下调了 0.05 元/（kW·h），2020 年进一步下调 0.05 元/（kW·h），调
整为 0.75 元/（kW·h）。此次风电上网电价政策调整，明确了陆上和海上已
经核准项目继续享受补贴电价的具体政策，是实现《能源发展战略行动计
划（2014—2020 年）》中提出 "2020 年实现风电与煤电上网电价相当" 的
平价目标前的重要政策安排，为实现 2021 年陆上风电全面进入平价时代指
明了路径、明确了方向，稳定了市场预期。

表 3-2　全国陆上风电上网电价

单位：元/（kW·h）（含税）

资源区	2019 年新核准陆上风电指导价	2020 年指导价	各类资源区所包括的地区
Ⅰ类资源区	0.34	0.29	内蒙古自治区除赤峰市、通辽市、兴安盟、呼伦贝尔市以外的其他地区；新疆维吾尔自治区乌鲁木齐市、伊犁哈萨克自治州、克拉玛依市、石河子市
Ⅱ类资源区	0.39	0.34	河北省张家口市、承德市；内蒙古自治区赤峰市、通辽市、兴安盟、呼伦贝尔市；甘肃省嘉峪关市、酒泉市；云南省
Ⅲ类资源区	0.43	0.38	吉林省白城市、松原市；黑龙江省鸡西市、双鸭山市、七台河市、绥化市、伊春市，大兴安岭地区；甘肃省除嘉峪关市、酒泉市以外的其他地区；新疆维吾尔自治区除乌鲁木齐市、伊犁哈萨克自治州、克拉玛依市、石河子市以外的其他地区；宁夏回族自治区

资源区	2019 年新核准陆上风电指导价	2020 年指导价	各类资源区所包括的地区
Ⅳ类资源区	0.52	0.47	除Ⅰ类、Ⅱ类、Ⅲ类资源区以外的其他地区

注：① 指导价低于当地燃煤发电机组标杆上网电价（含脱硫、脱硝、除尘电价，下同）的地区，以燃煤发电机组标杆上网电价作为指导价。

② 2018 年年底之前核准的陆上风电项目，2020 年年底前仍未完成并网的，国家不再补贴；2019 年 1 月 1 日至 2020 年年底前核准的陆上风电项目，2021 年年底前仍未完成并网的，国家不再补贴。自 2021 年 1 月 1 日开始，新核准的陆上风电项目全面实现平价上网，国家不再补贴。

3.3 其他资源型产品价格政策

天然气跨省管道运输价格迎来调整。2019 年 3 月，国家发展改革委发布《关于调整天然气跨省管道运输价格的通知》（发改价格〔2019〕561号），自 2019 年 4 月 1 日起，调整中石油北京天然气管道有限公司等 13 家跨省管道运输企业管道运输价格，该通知提出各省（区、市）结合增值税率调整，尽快调整省（区、市）内短途天然气管道运输价格，切实将增值税改革的红利全部让利于用户。多地积极贯彻落实通知精神，北京市管道天然气非居民用户销售价格下调，明确 2019—2021 年管道天然气非居民用户配气价格（不含购气损耗）自 2019 年 5 月 1 日起执行，其中发电用气、供暖制冷用气、工商业用气配气价格分别为 0.34 元/m³、0.46 元/m³、0.79 元/m³。淮南市提出降低非居民管输天然气销售价格，自 2019 年 4 月 1 日起，降低淮南中燃城市燃气发展有限公司供应的非居民管输天然气销售价格，价格降低 0.56 元/m³，并继续实行量价挂钩差别化政策。河南省管道天然气价格下调 0.02 元/m³，提出省内管道运输企业自 2019 年 4 月 1 日起，在与下游用气单位结算购气费用时，同步下调相关费用。

天然气基准门站价格调整。国家发展改革委印发的《关于调整天然气基准门站价格的通知》（发改价格〔2019〕562 号）提出自 2019 年 4 月 1 日起，调整各省（区、市）天然气基准门站价格（图 3-4），各地价格主管部门在确定天然气销售价格时，统筹考虑增值税率降低因素，切实将增值税改革的红利全部让利于用户。天然气基准门站价格超过 2 元/m³ 的省份为广东、上海、浙江、江苏，价格较低的省份为新疆（1.03 元/m³）和青海（1.15 元/m³）。自 2019 年 5 月起，国内部分城市发展改革委陆续举行市区管道天然气配气价格改革听证会，旨在提升城市各阶梯天然气价格，据不完全统计，此轮民用气平均涨价幅度为 10%。从图 3-5 来看，北京市三个阶梯民用天然气价格涨幅较大，分别为 15%、14% 和 9%，太原市三个阶梯民用天然气价格涨幅分别为 15%、13% 和 10%，与北京市涨幅相近（图 3-5）。

成品油市场价格改革提速。从 2019 年全年来看，国内成品油调价共进行了 26 次，呈现出"十五涨七跌四搁浅"的局面，全年涨跌互抵，汽油价格累计提高了 680 元/t，柴油价格累计提高了 675 元/t。相较于 2018 年油价以"五连跌"收官，2019 年油价行情整体有所回暖。其中，最大一次涨幅发生在 3 月 1 日，当时国内汽油、柴油价格分别提高 270 元/t、260 元/t；最大一次跌幅发生在 6 月 12 日，当时国内汽油、柴油价格分别下调 465 元/t、445 元/t。此外，4 月 1 日还因增值税税率调整进行了一次相应下调，汽油、柴油价格分别下调 225 元/t、200 元/t（图 3-6）。2019 年 11 月 4 日，按照《中共中央　国务院关于推进价格机制改革的若干意见》的要求，国家发展改革委对 2015 年发布的《中央定价目录》进行了全面梳理和修订，形成了《中央定价目录》（修订征求意见稿），提出成品油价格暂遵循现行价格形成机制，根据国际市场油价变化适时调整，将在体制改革进程全面放开时由市场形成，使得成品油价格调整趋于常态化、市场化。

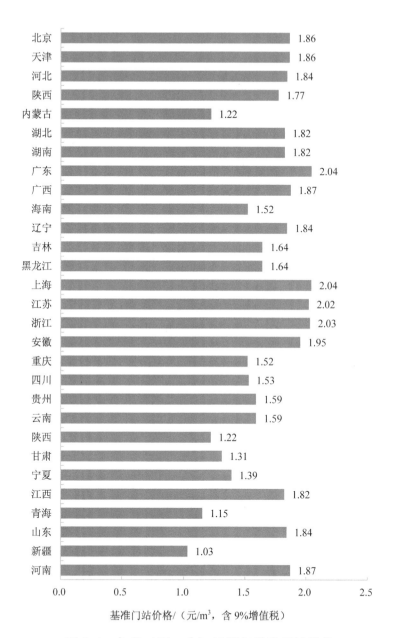

图 3-4　各省（区、市）天然气基准门站价格

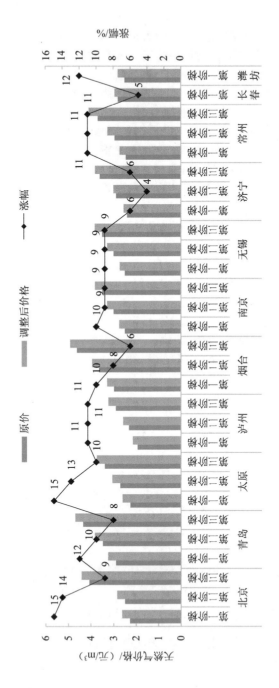

图 3-5 2019 年国内部分城市民用天然气涨价（预涨价）情况

数据来源：公开资料整理，http://www.chyxx.com/industry/201910/799007.html。

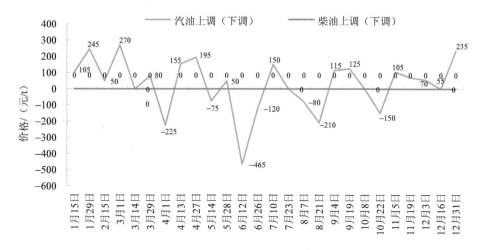

图 3-6　2019 年国内成品油价格调整趋势

数据来源：国家发展改革委，https://www.ndrc.gov.cn/。

3.4　环境收费政策

污水处理收费政策深入推进。2019 年 5 月，住房和城乡建设部、生态环境部、国家发展改革委三部委发布的《城镇污水处理提质增效三年行动方案（2019—2021 年）》，进一步提出要完善污水处理收费政策，建立动态调整机制。2018 年国家发展改革委印发《关于创新和完善促进绿色发展价格机制的意见》（发改价格规〔2018〕943 号），随后，广东、甘肃、云南、内蒙古、青海等省（区）先后出台关于创新和完善促进绿色发展价格机制的实施意见，在国家政策框架下根据各省（区）实际提出实施意见。岳阳、东莞、湘潭等地分别上调污水处理费，将政策积极落地。湖南省岳阳市于 2019 年 1 月印发的《关于切实推进全市城乡污水处理收费改革的通知》，提出上调污水处理费标准，居民生活用水污水处理费由 0.75 元/m³ 调整为 1.10 元/m³，非居民用水污水处理费由 1.60 元/m³ 调整为 1.80 元/m³，特种

行业用水污水处理费由 1.60 元/m³ 调整为 2.00 元/m³。广东省东莞市于 2019 年 2 月发布的《关于进一步完善我市污水处理费价格形成机制的通知》，提出居民污水处理费每月每户增加支出 1.26 元，2019 年 4 月 1 日以后，居民实际污水处理费征收标准由 0.93 元/t 调整为 0.99 元/t，非居民实际污水处理费征收标准由 1.21 元/t 调整为 1.49 元/t，特种行业（含污染企业）实际污水处理费征收标准由 1.4 元/t 调整为 1.99 元/t。河南省发展改革委 2019 年 9 月印发的《关于建立和推行差别化污水处理收费机制的指导意见》，明确河南省将实施差别化污水处理收费政策，进一步调动企业提高污水预处理和污染物减排的主动性和积极性。

一些地区污水处理成本高于现行污水处理费。目前，在浙江、江苏、上海、天津等地实行的污水处理定价审核成本的文件中[①]，污水处理成本构成不尽相同，但是污水处理成本基本由污水处理运行成本、污水污泥收集输送管网运行成本、污泥处理处置成本、税金及附加和期间费用五大部分组成。2011 年以来，随着城镇污水处理厂数量和污水处理量的持续增加，年度运行费用也逐年增加。2016 年纳入环境统计的污水处理厂年运行费用约 540 亿元，每吨水运行成本为 1.06 元（表 3-3）。2011—2016 年，每座污水处理厂年平均运行费用约 713 万元，每吨水运行成本为 0.83～1.06 元。从 2011—2016 年污水处理收费变化情况来看，各年污水处理费收入仅能覆盖当年运行费用的 60%左右。考虑污水处理厂建设成本，可估算出当前我国城镇污水处理厂的运营成本为 0.51～3.01 元/t，平均运营成本为 1.38 元/t，平均建设成本为 0.37 元/t，平均污水运行成本为 0.81 元/t，平均污泥处理成本为 0.20 元/t。按照不同的执行标准计算，执行《城镇污水处理厂污染物排放标准》(GB 18918—2002)一级 A 标准的污水处理厂平均运营成本为 1.36 元/t，

[①]《浙江省污水处理定价成本监审办法》，http://www.zjpi.gov.cn/art/2018/10/29/art_1402927_22600810. html；《上海市污水处理成本规制管理办法》，http://www.shanghai.gov.cn/nw2/nw2314/nw2319/nw12344/ u26aw57958.html。

执行一级 B 标准的平均运行成本为 1.35 元/t。远高于居民平均污水处理费（0.95 元/t），略低于非居民平均污水处理费（1.4 元/t）（图 3-7）。

表 3-3　2011—2016 年全国污水处理厂年度运行费用支出情况

年份	污水处理费收入/亿元	年度运行费用/亿元	平均每座污水处理厂年运行费用/（万元/座）	污水处理厂年均运行费用/（元/t）
2011	205	307	676	0.83
2012	221	348	664	0.86
2013	243	394	743	0.92
2014	265	440	696	0.97
2015	310	477	721	0.98
2016	343	540	776	1.06

数据来源：《城镇排水统计年鉴》《中国环境统计年报》《中国城乡建设统计年鉴》《中国城市建设统计年鉴》和实际调研。

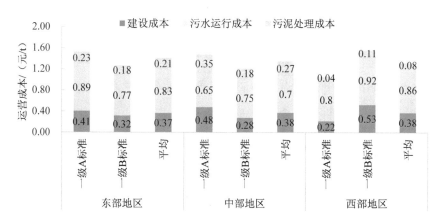

图 3-7　东部地区、中部地区、西部地区污水处理厂运营成本（含建设成本）

数据来源：《城镇排水统计年鉴》《中国环境统计年鉴》《中国城乡建设统计年鉴》《中国城市建设统计年鉴》和实际调研。

积极推行垃圾计量收费和差别化收费。2019 年 6 月，全国人大常委会审议通过的《中华人民共和国固体废物污染环境防治法（修订草案）》提出"产生者付费"原则，规定建立生活垃圾处理收费制度，由县级以上人民政府结合生活垃圾分类情况，根据实际制定差别化的生活垃圾处理收费标准。2019 年出台的《深圳经济特区生活垃圾分类投放规定（草案）》提出将生活垃圾"按量收费"，按照"谁产生谁付费、多产生多付费"和差别化收费的原则，逐步建立分类计价、计量收费的生活垃圾处理收费制度。整体来看，我国垃圾处理收费规范性较弱，各地收费主体存在差异，国内大型城市居民生活垃圾收费形式仍以定额收费和附征于公用事业收费系统为主（表 3-4），计量收费制度正处于探索制定阶段。定额征收方式虽简单易行、政策成本低，但是并不能将居民的生活垃圾排放量与缴费金额直接关联，也不能实现将资源废弃物和不可回收废弃物的差别化对待，难以发挥激励居民自觉主动进行垃圾分类和减量化的作用。随着垃圾分类政策的贯彻执行，未来居民垃圾处置费计量征收有望成为常态。

上海市细化垃圾计量收费方式。上海市是全国首个全面开展生活垃圾分类的城市，2004 年建立生活垃圾处理收费制度，主要面向单位，根据各单位的生活垃圾、餐厨垃圾的量来收费。2019 年出台的《上海市生活垃圾管理条例》明确指出，上海市按照"谁产生谁付费"的原则，逐步建立计量收费、分类计价的生活垃圾处理收费制度。上海市人民政府等五部门对2013 年的《上海市单位生活垃圾处理费征收管理办法》（沪府发〔2013〕45 号）做了修订，修订后的管理办法（沪府规〔2019〕28 号）增加了"单位生活垃圾产生量按干垃圾、湿垃圾、有害垃圾三类分类计量，可按分类质量实行差异化收费"的内容，依照《上海市生活垃圾管理条例》细化了计量方式，适应了生活垃圾分类管理和营商环境优化管理的要求。

表 3-4 我国部分城市居民和非居民垃圾处理费收费标准

城市		收费标准	收费方式
北京	居民生活垃圾处理费	城市生活垃圾处理费：本市居民 3 元/（户·月），外地来京人员 2 元/（户·月）；生活垃圾清运费 30 元/（户·a）；委托清运垃圾托运费 25 元/t	定额征收
	非居民垃圾处理费	生活垃圾处理费 300 元/t、餐厨垃圾处理费 100 元/t；建筑垃圾运输距离 6 km 以内清运费 6 元/t、6 km 以外 1 元/（t·km），建筑垃圾处理费 30 元/t；在拆除现场对建筑废弃物进行资源化综合利用，处置费用标准可试点按不高于现行建筑垃圾处理费标准的 150%执行	从量征收
上海	居民生活垃圾处理费	暂无	—
	非居民垃圾处理费	餐厨垃圾：基数内 60 元/桶，基数外 120 元/桶； 高级宾馆（四星、五星级宾馆）、歌厅、舞厅、卡拉 OK 歌舞厅、夜总会、台球房、高尔夫球场、保龄球馆、游艺厅、桑拿浴室（按摩）、足浴室等企业产生的生活垃圾（不含餐厨垃圾）：基数内 80 元/桶，基数外 160 元/桶； 其他生活垃圾：基数内 40 元/桶，基数外 80 元/桶	从量征收
重庆	居民生活垃圾处理费	城市居民 8 元/（户·月），暂住居民 2 元/（户·月）	定额征收
		国家机关事业单位 2 元/（人·月）	定额征收
	非居民垃圾处理费	学校、医院、部队、集贸市场等 110 元/t，自行运至垃圾处理厂的按 65 元/t 计	从量征收
		商业门店（不含餐饮）经营面积 200 m² 以下垃圾处理费 0.55 元/（m²·月），面积越大，单位面积费用越低	按经营面积征收
广州	居民生活垃圾处理费	城市居民 5 元/（户·月），暂住居民 1 元/（人·月）	定额征收
	非居民垃圾处理费	机关、企事业单位、个体户按实际排放量计收，每桶（0.3 m³）6 元	从量征收

中国环境经济政策发展报告 2019

城市	收费标准	收费方式
深圳 居民生活垃圾处理费	统一采用"排污水量折算系数法"计费，收费标准为 0.59 元/m³	从量征收
非居民垃圾处理费	—	

数据来源：根据各地发展改革委官方网站公开资料整理。

多省市更新调整危险废物处置费标准。为落实国家发展改革委《关于进一步清理规范政府定价经营服务性收费的通知》（发改价格〔2019〕798 号）要求，2019 年，北京、上海、广东、浙江、江苏、山东等省（市）根据定价目录和实际工作开展情况，公布了更新调整后政府定价的经营服务性收费目录清单，列明了危险废物处置费等收费项目的性质、收费依据（文件文号）、定价部门、行业主管部门等内容，细化并明确了收费标准制定方法。例如，2019 年 11 月，北京市发展改革委公布了更新调整后的《北京市政府定价的经营服务性收费目录清单》，指出医疗废物处置收费不高于 3 000 元/t，高安屯医疗废物处理厂医疗废物处置收费为 2 873 元/t，对于其他危险废物处置收费，固化填埋为 1 945 元/t，直接填埋为 1 591 元/t，普通焚烧（热值≥3 750 kcal*/kg）为 1 995 元/t，低热值焚烧（热值＜3 750 kcal/kg）为 2 195 元/t。上海市明确危险废物处置费标准，飞灰为 1 860 元/t，工业废物为 2 340 元/t，废电池为 2 340 元/t。浙江省提出医疗废物处置按 2.5～3.3 元/床、其他工业危险废物处置按 0.08 万～80 万元/t 的标准收费。

---

* 1 kcal=4 185.851 8 J。

3.5 存在的问题与发展方向

3.5.1 存在的问题

水资源费改税试点工作仍存在问题。从水资源费改税试点工作来看，由于开征时间短，缺乏规范性、系统性，还有一些问题需要进一步研究解决：一是计量方式不完善，计量设施不足。水资源税改革过程中存在计量方式不完善导致的征纳问题，从量计征方式无法实现价格联动，不能有效反映市场价格，计量准确度和精确度存在问题，尤其是农业用水计量设施严重不足，难以做到准确计量。二是农业生产取用水水资源税征管难度大。除计量设施不足外，农业生产取用水户众多、特别是小规模取用水户分散度高。现有水利、税务部门难以一一核查、登记、征税，征管成本高。三是水资源税政策宣传不足。部分用水户对政策不太了解，缺乏纳税意识。

再生水利用价格体系不完善。一是再生水成本分担机制没有建立，生产企业负担过大。近年来，尽管北京、天津等城市开展了再生水利用工作，并取得了一定成效，我国再生水利用的有关激励机制与制度建设还很滞后，特别是政府如何对再生水生产成本进行分担，还缺乏明确的政策规定。二是再生水价格偏低，生产成本与价格"倒挂"。目前，我国尚未制定出台关于再生水价格的管理办法，再生水价格制定缺乏相应的制度规范与政策约束。为了鼓励使用再生水，许多城市实行了再生水低价格政策，再生水价格不能覆盖生产成本，造成再生水价格与生产成本"倒挂"的问题。三是再生水与自来水的价差不明显，价格优势无法发挥。由于多数城市自来水未形成合理的水价机制，自来水价格偏低，再生水与自来水之间的价差难以拉大，这不仅限制了再生水的合理定价，也使得再生水的价格优势难以显现。

污水处理收费政策仍有待完善。一是部分城市的污水处理费难以满足更高标准的需求。目前，我国处于污水处理标准从一级 B 提升至一级 A 的进程中，尤其在长江经济带区域开展从污水处理标准一级 A 到准Ⅳ类、Ⅴ类提标工作，"提标改造"和"污泥处理处置"的持续推进使得污水处理运行成本不断提高。居民污水处理费与污水处理成本比较，存在成本"倒挂"现象，云南省昆明市和大理州等地区正在上调污水处理费。二是污水处理收费价格机制有待调整。同一地区不同企业排放的污水中污染物的浓度不同，但是执行同样的收费政策、收费标准。这样既不利于促进企业在排放前进行污水预处理，也不利于公平竞争。三是污泥处理处置价格机制不健全。一些先行试点地区将污水处理费用中的部分用于污泥处理，但标准较低，大部分省市对污泥处置的费用尚无规定。

3.5.2 发展方向

加快完善推进水资源税改革。一是优化计量方式，加大基础设施投入。水资源税按照从量计征和从价计征相结合的计量方式，鼓励推广用水、取水在线计量设施，统一购置水表，并开展不定期抽查监控，确保水资源计量信息的一致性、准确性、有效性。另外，在有条件的基础上加大水资源计量基础设施的投入，通过财政补贴、税收减免、投资退税等多种形式积极引导纳税人主动安装设施。二是推进农业生产取用水水资源税改革。进一步夯实农业生产取用水征收水资源税的基础工作，合理确定农业生产取用水限额标准，将农业用水量较大的取水户尽快纳入水资源监控平台，进行在线监控，对于用水量较少的取水户，要逐步提高农业用水效率和用水计量设施安装率。三是加强税改政策宣传。利用多种媒介，广泛宣传水资源费改税对促进水资源优化配置、保障国家水安全、促进生态文明建设等方面的重要意义，引导和鼓励群众积极参与水资源税收制度改革。

全面推进再生水利用综合水价改革。一是加快制定出台再生水价格管理办法，以指导地方的再生水定价工作，规范再生水价格管理。二是出台落实再生水生产的财政补贴政策，设立再生水利用专项资金，专款用于补助再生水利用。三是制定并落实针对再生水生产企业的优惠政策，切实落实国家有关再生水生产用电实行优惠电价、不执行峰谷电价的政策。四是探索制定用水户使用再生水的优惠政策，对使用再生水的工业、洗车、市政环卫、城市环境绿化等行业用水户，实行优惠用水价格。

多措并举完善污水处理收费政策。一是建立与污水处理标准相协调的差别化收费机制。污水处理排放标准已经提高到《城镇污水处理厂污染物排放标准》（GB 18918—2002）一级 A 标准，或者有些地方实行了更严格的地方标准，建议这些地区相应提高污水处理费标准。建议各地根据企业排放污水中主要污染物种类、浓度等，分类、分档制定差别化收费标准，有条件的地区可制定多种污染物差别化收费政策，实行高污染高收费、低污染低收费，促进企业进行预处理，从源头上减少污染物排放。二是建立城镇污水处理费的动态调整机制。综合考虑绝大多数地区的实际情况，加快构建覆盖污水处理和污泥处置成本并合理盈利的价格机制。明确建立定期评估和动态调整机制，逐步实现城镇污水处理费覆盖服务费，从而形成能够支撑污水处理行业持续健康发展的价格机制，保障污水处理企业正常的运营和良性发展。三是健全城镇污水处理服务费市场化机制。建议各地通过招投标等公开的市场竞争方式，以污水处理和污泥处置成本、污水总量等为主要参数，制定公开、透明、合理的污水处理服务费标准。建立污水处理服务费收支定期报告制度，污水处理企业于每年 3 月底前，向当地价格主管部门报告上年度污水处理服务费收支状况，为调整完善污水处理费标准提供参考。

4

生态保护补偿政策

经过多年的生态保护补偿实践，初步建立了生态环境领域生态保护补偿的制度框架，建立了以流域上下游横向生态保护补偿和重点生态功能区转移支付为重点的补偿机制；海洋和大气生态保护补偿实践积累了地方试点经验。以财政资金奖励和治理项目建设为抓手，以政策引导与扶持为推动力。生态保护补偿政策持续深入推进，在生态环境质量改善、助推绿色发展和脱贫攻坚中发挥了积极作用。但同时，生态环境领域的生态保护补偿还存在补偿利益机制不健全，补偿手段单一，多元化、市场化渠道尚未形成等问题。生态保护补偿制度挖潜不够，作用发挥得还不充分，短板依然突出，与生态环境保护现实需求还有较大差距，需要在深化改革和持续推进的过程中不断完善。

4.1 生态保护补偿政策总体进展

国家积极推进生态保护补偿机制的深入探索。 2019 年 1 月，国家发展改革委等九部门联合出台的《建立市场化、多元化生态保护补偿机制行动计划》，提出到 2020 年，市场化、多元化生态保护补偿机制初步建立，全社会参与生态保护的积极性有效提升，受益者付费、保护者得到合理补偿的政策环境初步形成。建立生态保护补偿的四大制度：资源开发补偿制度、污染物减排补偿制度、水资源节约补偿制度、碳排放权抵消补偿制度。2019 年 6 月，中共中央办公厅、国务院办公厅印发的《关于建立以国家公园为主体的自然保护地体系的指导意见》，明确"建立以财政投入为主的多元化资金保障制度。统筹包括中央基建投资在内的各级财政资金，保障国家公园等各类自然保护地保护、运行和管理"。健全生态保护补偿制度，将自然保护地内的林木按规定纳入公益林管理，对集体和个人所有的商品林，地方政府可依法自主优先赎买；按自然保护地规模和管护成效加大财政转移支付力度，加大对生态移民的补偿扶持投入。建立完善野生动物肇事损害赔偿制度和野生动物伤害保险制度。2019 年 11 月，国家发展改革委印发《生态综合补偿试点方案》，在全国选择一批试点县开展生态综合补偿工作。

多地出台政策，探索建立多元化生态保护补偿机制。为贯彻落实《国务院办公厅关于健全生态保护补偿机制的意见》（国办发〔2016〕31 号），2019 年 3 月，广东省江门市生态环境局、财政局印发《江门市潭江流域生态保护补偿办法》，积极探索以财政激励、直接转移支付、区域合作等财政补偿机制为主的补偿办法，对各市（区）生态保护进行补偿。继续探索建立多元化生态保护补偿机制，逐步扩大补偿范围，合理提高补偿标准，严守生态保护红线，全面建立有利于调动各方积极性的多元化生态保护补偿机制，促进受益地区与保护地区共同发展。2019 年 3 月，广州市生态环境局印发《广州市生态保护补偿办法（试行）》，对补偿的主体、对象、资金分配、资金筹集、补偿方式、职责分工、评估考核等生态保护补偿内容进行明确规定，促进广州市生态保护补偿工作的有效实施（专栏 4-1）。

专栏 4-1 多地积极探索多元化生态保护补偿机制

广州市：2019 年 3 月，广州市生态环境局印发《广州市生态保护补偿办法（试行）》，通过探索建立排污权交易、碳排放权交易等资源交易机制，扩大资金筹集渠道，不断加大财政对生态环境保护的投资力度，充分调动政府、单位和个人保护生态环境的积极性，建立生态保护补偿资金稳步增长机制，促进经济社会全面、协调、可持续发展。此外，该办法尝试从实物、政策、智力等角度逐步建立、健全多元化的生态保护补偿方式。

江门市：广东省江门市财政局积极探索以财政激励、直接转移支付、区域合作等财政补偿机制为主的补偿办法，对各区（市）生态保护进行补偿。2019 年，江门市财政用于潭江流域生态保护补偿 3 000 万元。坚持"谁改善，谁得益""谁保护，谁受偿"原则，给予生态地区生态保护补偿资金，在提高保护地区基本财力保障水平的同时，通过激励办法调动各方积极性，适当提高因承担生态环境保护责任而使经济社会发展受到限制地区的基本财力保障水平。同时，市生态环境部门、财政部门将对补偿项目的实施进度、资金使用效果进行定期核查，确保资金使用安全、高效。继续探索建立多元化生态保护补偿机制，逐步扩大补偿范围，合理提高补偿标准，严守生态保护红线，全面建立有利于调动各方积极性的多元化生态保护补偿机制，促进受益地区与保护地区共同发展。

河北雄安新区：中共中央、国务院发布《关于支持河北雄安新区全面深化改革和扩大开放的指导意见》。构建市场导向的绿色技术创新体系，建立符合雄安新区功能定位和发展实际的资源环境价格机制、多样化生态补偿制度和淀区生态搬迁补偿机制，全面推行生态环境损害赔偿制度，探索企业环境风险评级制度。积极创新绿色金融产品和服务，支持设立雄安绿色金融产品交易中心，研究推行环境污染责任保险等绿色金融制度，优化生态环境类金融衍生品。

4.2 生态综合补偿政策

启动生态综合补偿试点工作。2019 年 11 月，国家发展改革委印发《生态综合补偿试点方案》，方案在国家生态文明试验区、西藏及四省藏区、安徽省选择 50 个县（市、区）开展生态综合补偿试点。以完善生态保护补偿机制为重点，以提高生态保护补偿资金使用整体效益为核心，在全国选择一批试点县开展生态综合补偿工作，创新生态补偿资金使用方式，拓宽资金筹集渠道，调动各方参与生态保护的积极性，转变生态保护地区的发展方式，增强自我发展能力，提升优质生态产品的供给能力，实现生态保护地区和受益地区的良性互动（专栏 4-2）。

专栏 4-2　多地推进综合性生态保护补偿试点

福建省：2019 年 6 月，福建省财政厅发布《关于下达 2019 年综合性生态保护提升性补偿资金（第一批）的通知》。为完善福建省生态保护补偿制度体系，加快推进国家生态文明试验区建设。根据福建省人民政府办公厅《关于印发福建省综合性生态保护补偿试行方案的通知》（闽政办〔2018〕19 号），2019 年综合性生态保护提升性补偿资金主要根据纳入试点的 23 个实施县 2018 年综合性生态保护补偿考核指标完成情况进行分配，对考核分数超过 100 分、排名前 10 位的实施县给予 2 000 万元[①]奖励，其他实施县给予 1 000 万元奖励，本次先行下达奖励资金的 80%。各地要以此奖励为契机，将生态优势转化为发展优势，坚持环境质量只能更好、不能变坏的原则，进一步做好 2019—2020 年生态环境质量改善和提升工作。

[①] 数据来源：福建省财政厅，《关于下达 2019 年综合性生态保护提升性补偿资金（第一批）的通知》（闽财建指〔2019〕52 号），2019 年 6 月。

江西省：江西省入选国家生态综合补偿试点省份，计划选择 5 个县（市、区）在创新森林生态效益补偿制度、推进建立流域上下游生态补偿制度、发展生态优势特色产业和推动生态保护补偿工作制度化方面开展试点，探索可复制、可推广的经验。试点方案明确，到 2022 年，江西省生态综合补偿试点工作要取得阶段性进展，与地方经济发展水平相适应的生态保护补偿机制要基本建立。

4.3 生态保护红线补偿政策

多地积极探索生态保护红线补偿机制。目前，生态保护红线补偿机制尚未出台，生态补偿标准偏低，生态补偿方式单一。宁夏、广州、北京等地积极探索生态保护红线补偿机制，明确补偿范围，合理确定补偿标准（专栏 4-3）。

专栏 4-3　多地探索建立生态保护红线补偿机制

宁夏回族自治区：2019 年 1 月 1 日，《宁夏回族自治区生态保护红线管理条例》正式实施，要求加强生态保护红线管理，将自治区级禁止开发区域划入红线，探索建立政府引导、市场运作、社会参与的生态保护补偿投融资机制，建设生态保护红线监管平台。

县级以上人民政府建立生态保护红线台账系统。统筹各类生态保护与修复资金，实施生物多样性保护、天然林保护、防沙治沙、水土流失、盐渍化综合治理等保护与修复工程，改善和提升生态保护红线内的生态功能。

广州市：2019 年 3 月，广州市财政局、生态环境局印发《广州市生态保护补偿办法（试行）》，对依据相关规定划定的生态保护红线进行生态保护补偿。生态保护红线补偿资金根据各区生态保护红线不同类型占地面积及权重、区财政保障能力以及保护效果考核情况等因素综合计算。

北京市：2019年4月，北京市人民政府印发《北京市生态控制线和城市开发边界管理办法》。完善生态补偿和利益共享机制。综合考虑各区功能定位、生态控制区面积比例、生态建设任务、地方财力等因素，建立生态控制区综合化生态保护补偿机制，加强生态保护修复和治理资金保障，创新建设用地指标合理转移和利益共享机制。

4.4 国家重点生态功能区转移支付

进一步规范重点生态功能区转移支付办法。2019年5月，为规范转移支付分配、使用和管理，发挥财政资金在维护国家生态安全、推进生态文明建设中的重要作用，财政部制定了《中央对地方重点生态功能区转移支付办法》（以下简称《支付办法》），明确转移支付的范围、资金分配原则、具体计算公式。重点补助对象为重点生态县域、"三区三州"等深度贫困地区、京津冀地区（对雄安新区及白洋淀周边区县单列）、海南省以及长江经济带等相关地区，禁止开发补助对象为禁止开发区域，引导性补助对象为国家生态文明试验区、国家公园体制试点地区、重大生态工程建设地区，生态护林员补助对象是选聘建档立卡人员为生态护林员的地区，奖惩资金对象为重点生态县域。要求省级财政部门根据本地实际情况，制定省对下重点生态功能区转移支付办法，规范资金分配，加强资金管理，将各项补助资金落实到位，各省下达的转移支付资金总额不得低于中央财政下达给该省的转移支付资金数额。安徽、贵州等省相继规范了重点生态功能区转移支付办法，制定了详细的转移分配方法。《支付办法》还明确规定转移支付的地区应当切实增强生态环境保护意识，将转移支付资金用于保护生态环境和改善民生，加大生态扶贫投入，不得用于楼堂馆所及形象工程建设

和竞争性领域，同时加强对生态环境质量的考核和资金的绩效管理。强调各级财政部门在转移支付管理中存在违法行为的，应当按照《中华人民共和国预算法》及其实施条例、《财政违法行为处罚处分条例》等国家有关规定予以处理。涉嫌犯罪的，应当移送有关部门。

强化地方重点生态功能区转移支付资金使用管理。2019 年 5 月，为推进生态文明建设、引导地方政府加强生态环境保护、提高国家重点生态功能区等生态功能重要地区所在地政府的基本公共服务保障能力，财政部发布《关于下达 2019 年中央对地方重点生态功能区转移支付预算的通知》，按照《中央对地方重点生态功能区转移支付办法》（财预〔2019〕94 号），将 2019 年重点生态功能区转移支付资金分配下达各省（区、市），总计下达 811.00①亿元，其中对甘肃省的补助最多，为 64.62 亿元，就用途而言，重点补助数额最大，为 583.13 亿元（表 4-1）。要求省级财政部门根据本地财力情况，制定省（区、市）对重点生态功能区转移支付办法，将相关资金落实到位，并将分配办法和结果上报财政部。基层政府要将转移支付资金用于保护生态环境和改善民生，加大生态扶贫投入，加强资金使用管理，提高资金使用效益。

---

① 数据来源：财政部，《中央对地方重点生态功能区转移支付办法》（财预〔2019〕94 号），2019 年 5 月。

表4-1　2019年中央对地方重点生态功能区转移支付分配情况

单位：亿元

地区	2019年补助总额	其中:		补助总额明细									
		已经下达	此次下达	重点补助	其中:				禁止开发补助	引导性补助	生态护林员补助	考核奖励	考核扣减
					"三区三州"补助	其他深度贫困县补助	长江经济带补助	雄安及白洋淀等地区补助					
北京	2.45	2.29	0.16	1.22	—	—	—	—	0.76	0.31	—	0.16	—
天津	0.88	0.65	0.23	0.46	—	—	—	—	0.19	—	—	0.23	—
河北	40.05	39.95	0.10	33.34	—	2.16	—	6.50	1.62	2.84	2.95	0.27	-0.97
山西	10.53	10.81	-0.28	8.53	—	1.38	—	—	1.01	0.27	1.28	—	-0.56
内蒙古	34.82	34.68	0.14	26.08	—	1.73	—	—	2.51	4.94	1.67	0.13	-0.51
辽宁	5.68	5.68	—	1.52	—	0.93	—	—	1.60	2.56	—	—	—
吉林	11.16	10.97	0.19	7.35	—	0.18	—	—	1.57	1.65	0.59	—	—
黑龙江	28.01	28.51	-0.50	22.34	—	0.57	—	—	3.32	2.40	0.66	0.09	-0.80
上海	0.68	0.68	—	0.46	—	—	0.46	—	0.22	—	—	—	—
江苏	2.03	2.03	—	1.35	—	—	1.35	—	0.68	—	—	—	—

地区	2019年补助总额	其中:		重点补助	补助总额明细								
		已经下达	此次下达		其中:				禁止开发补助	引导性补助	生态护林员补助	考核奖励	考核扣减
					"三区三州"补助	其他深度贫困县补助	长江经济带补助	雄安及白洋淀等地区补助					
浙江	4.86	4.86	—	2.80	—	—	1.42	—	1.81	0.25	—	—	—
安徽	23.94	23.46	0.48	12.88	—	2.72	3.42	—	1.54	8.34	1.65	—	-0.22
福建	19.10	19.10	—	5.89	—	—	—	—	1.67	11.54	—	—	—
江西	26.36	25.68	0.68	15.06	—	—	4.86	—	2.02	7.55	2.15	—	-0.07
山东	8.95	8.80	0.15	6.24	—	0.52	—	—	1.71	0.85	—	0.15	—
河南	25.79	23.99	1.80	10.56	—	0.90	—	—	1.83	10.30	2.60	0.50	—
湖北	37.52	36.22	1.30	29.68	—	2.56	3.24	—	1.43	4.11	2.51	0.14	—
湖南	48.63	46.93	1.70	38.36	—	2.44	4.01	—	2.08	5.09	3.30	0.30	—
广东	12.56	12.56	—	7.25	—	—	—	—	1.50	3.81	—	—	—
广西	31.84	29.95	1.89	22.58	—	7.13	—	—	1.46	3.31	4.60	—	-0.11
海南	20.46	20.26	0.20	18.43	—	0.14	—	—	0.63	1.00	0.40	—	—
重庆	25.71	25.25	0.46	15.65	—	1.02	3.13	—	1.16	7.79	1.21	—	—
四川	44.76	42.91	1.85	34.39	7.72	0.18	5.81	—	3.31	4.21	3.25	—	—

地区	2019年补助总额	其中:		补助总额明细									
		已经下达	此次下达	重点补助	其中:								
					"三区三州"补助	其他深度贫困县补助	长江经济带补助	雄安及白洋淀等地区补助	禁止开发补助	引导性补助	生态护林员补助	考核奖励	考核扣减
贵州	64.55	62.00	2.55	45.79	—	9.19	4.65	—	1.42	11.84	6.50	—	—
云南	63.26	59.16	4.10	47.19	4.05	14.93	7.65	—	2.29	6.73	8.55	—	—
西藏	18.78	18.46	0.32	13.55	5.08	—	—	—	3.65	0.61	1.37	—	—
陕西	33.84	32.91	0.93	23.02	—	3.59	—	—	1.50	6.74	3.12	—	-0.54
甘肃	64.62	63.31	1.31	50.69	4.62	10.80	—	—	2.48	8.54	4.00	—	-0.54
青海	32.57	31.06	1.51	26.51	5.01	—	—	—	3.55	0.50	1.69	0.62	—
宁夏	17.59	17.69	-0.10	15.89	—	1.93	—	—	0.46	0.49	1.13	0.26	-0.64
新疆	48.84	47.12	1.72	38.06	13.52	—	—	—	3.85	4.11	3.82	—	—
地方合计	811.00	788.11	22.89	583.13	40.00	65.00	40.00	6.50	55.00	122.68	59.00	2.85	-4.96

数据来源: 财政部,《中央对地方重点生态功能区转移支付办法》(财预〔2019〕94号), 2019年5月。

　　重点生态功能区转移支付范围与规模逐年增加。自 2008 年中央财政设立国家重点生态功能区转移支付以来，国家不断加大对重点生态功能区的保护力度（图 4-1）。2019 年中央财政下达重点生态功能区转移支付 811 亿元，比上年增加 90 亿元，增幅达 12.5%。与此同时，我国不断扩大国家重点生态功能区范围，纳入国家重点生态功能区的区域将获得相关财政、投资等政策支持，但必须严格执行产业准入负面清单制度。按照相关规定，纳入国家重点生态功能区的地区要强化生态保护和修复，合理调控工业化、城镇化开发内容和边界，保持并提高生态产品供给能力。

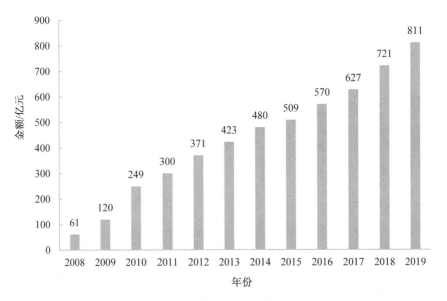

图 4-1　2008—2019 年国家重点生态功能区转移支付增长情况

数据来源：董战峰，郝春旭，葛察忠，等. 环境经济政策年度报告 2018[J]. 环境经济，2019（7）：12-39；财政部，《中央对地方重点生态功能区转移支付办法》（财预〔2019〕94 号），2019 年 5 月。

4.5 流域生态保护补偿政策

推进探索长江经济带生态保护补偿机制。2019 年 1 月，生态环境部、国家发展改革委联合印发的《长江保护修复攻坚战行动计划》，提出要健全投资与补偿机制，拓宽投融资渠道，完善流域生态保护补偿机制。2019 年 3 月，生态环境部部长李干杰在记者会上表示，财政部会同生态环境部、国家发展改革委和其他相关部门正在积极推动长江流域生态保护补偿工作，2018 年中央财政资金拿出 50 亿元用于推动支持长江流域生态保护补偿工作，并取得了很好的成效，进一步扩大、深化、运用好生态保护补偿机制。在国家有关部委的大力推动下，以生态保护补偿为抓手推进"共抓大保护"的工作力度前所未有，长江经济带全流域、多方位的生态保护补偿体系正在形成。生态保护补偿已成为长江经济带上下游开展综合治理的重要措施。2019 年 12 月，中共中央、国务院印发的《长江三角洲区域一体化发展规划纲要》提出，要完善跨流域、跨区域生态保护补偿机制，建立健全开发地区、受益地区与保护地区横向生态保护补偿机制，探索建立污染赔偿机制。在总结新安江建立生态保护补偿机制试点经验的基础上，研究建立跨流域生态保护补偿机制、污染赔偿标准和水质考核体系，在太湖流域建立生态保护补偿机制，在长江流域开展污染赔偿机制试点。积极开展重要湿地生态效益补偿工作，探索建立湿地生态效益补偿制度。在浙江丽水开展生态产品价值实现机制试点。建设新安江—千岛湖生态保护补偿试验区。2019 年 12 月，十三届全国人大常委会第十五次会议分组审议《长江保护法》草案，草案规定，国家建立长江流域生态保护补偿制度，划定长江流域生态保护补偿区域，对长江源头和上游的水源涵养地等生态功能重要区域予以补偿（专栏 4-4）。

专栏 4-4　加快建立纵横结合、协同共治的
长江经济带生态保护补偿长效机制

长江经济带生态保护补偿机制建设的关键问题。 围绕长江经济带生态文明建设需要，以促进环境质量改善、生态健康安全、生态环境资产增值为目标，综合考虑长江经济带上下游各地经济发展阶段的差异性和生态环境公共服务供给的不均衡性，充分创新运用多种补偿方式，既要"输血"，加大生态环境建设投入，又要大力营造环境并采取有效措施，扶助上游地区增强"造血"功能，合理弥补环境保护较好区域和企业为保护流域环境而损失的机会成本，逐步实现长江经济带上下游公平、科学、合理、高效利用长江流域生态环境资源，合理分担长江经济带各段区域内的环境保护责任，促进建立一种长效的长江经济带"九省两市"生态环境共同治理机制。

生态保护补偿主体与对象。 长江经济带生态保护补偿主体主要有中央政府、上下游地方政府以及长江经济带生态环境保护受益主体。对于长江经济带生态环境保护权责关系比较清晰的补偿，则主要通过上下游地区间横向补偿机制解决；对于上游水源地保护、生态涵养等具有显著公共效益的补偿，则中央政府在事权分工上予以支持。水利开发、矿产资源开发单位等作为受益主体也是重要补偿主体。补偿对象主要为提供长江经济带生态效益服务、达到环境保护要求的地方政府，为长江经济带生态环境保护造成发展机会成本损失的地方政府和农户等相关方。

生态保护补偿标准。 长江经济带不同省份经济发展差异性较大，不宜采用统一的补偿标准，考虑建立基础补偿标准上的差别化跨界生态保护补偿标准体系。补偿标准测算可包括：上游地区为生态环境质量达标所付出的努力即直接投入；上游地区为生态环境质量达标所丧失的发展机会的损失即间接投入；上游地区为进一步改善生态环境质量而新建环境保护设施、水利设施、新上环境污染综合整治项目等方面的延伸投入。各跨界省份可依据需求协商议定。

生态保护补偿方式。从目前国内生态保护补偿实践经验来看，长江经济带生态保护补偿的方式主要基于政府主导下的财政转移支付，补偿方式以政府主导型为主。创新多元化生态保护补偿方式，需要充分调动长江经济带上下游地方政府的积极性，创新运用多样化补偿方式，包括政策性补偿、市场化补偿，如水权交易、排污权交易等，调动各利益相关方的积极性。随着水权体系的完善、政策运用的市场化环境的成熟，补偿方式可逐渐转型到以市场补偿为主。

推深、做实新安江流域生态补偿机制。2019年9月，为贯彻落实《长江三角洲区域一体化发展规划纲要》及《安徽省实施长江三角洲区域一体化发展规划纲要行动计划》，进一步推深、做实新安江流域生态保护补偿机制，全面提升生态环保和绿色发展水平，加快建设新安江—千岛湖生态保护补偿试验区，安徽省人民政府办公厅公布了《关于进一步推深做实新安江流域生态补偿机制的实施意见》。提出到2021年，新安江流域水资源与生态环境保护等主要指标持续保持全国先进水平，流域地表水污染来源及其污染负荷明确、水质稳定向优，皖、浙两省跨界的街口出境断面水质生态保护补偿指数符合生态保护补偿年度目标要求，按质按量补偿标准合理，保护与受益价值平衡。新安江流域上下游横向生态保护补偿机制的"长效版""拓展版""推广版"基本建立，创造了更多可复制、可推广的经验，初步实现了森林、湿地、水流、耕地、空气等重点领域和禁止开发区域、重点生态功能区等重要区域生态保护补偿全覆盖。

积极签订流域横向生态保护补偿协议。2019年7月，湘、赣两省政府在萍乡市签订《渌水流域横向生态保护补偿协议》，商定以位于江西省萍

乡市与湖南省株洲市交界处的金鱼石国家考核断面水质为依据，实施渌水流域横向生态保护补偿。重庆市与湖南省就酉水（经重庆市酉阳县、秀山县流入湖南省湘西州）流域横向生态保护补偿机制正式签订补偿协议，以位于重庆市秀山县与湖南省湘西州交界处的里耶镇国家考核断面的水质为依据，实施酉水流域横向生态保护补偿。2019 年 6 月，四川省财政厅、生态环境厅、发展和改革委员会、水利厅联合印发实施《四川省流域横向生态保护补偿奖励政策实施方案》，引导激励市（州）共建流域横向生态保护补偿机制（专栏 4-5）。

专栏 4-5　各地加快探索流域生态保护补偿机制

湖南省：2019 年 7 月，湖南省财政厅、生态环境厅、发展改革委、水利厅共同制定的《湖南省流域生态保护补偿机制实施方案（试行）》，明确将在湘江、资水、沅水、澧水干流和重要的一级、二级支流，以及其他流域面积在 1 800 km² 以上的河流，建立水质水量奖罚机制、流域横向生态保护补偿机制。

江西省：2019 年 2 月，江西省生态环境厅、财政厅、发展改革委、水利厅四部门联合印发《江西省建立省内流域上下游横向生态保护补偿机制实施方案》，标志着江西省开始全面推进省内流域上下游横向生态保护补偿工作。方案明确各设区（市）、县（市、区）人民政府为相关流域上下游横向生态保护补偿的责任主体，在自主协商的基础上签订补偿协议。流域上下游横向生态保护的补偿因子以水质为主、兼顾水量。补偿方式原则上为货币补偿，且在实施期内补偿标准为每年不低于 100 万元。

　　合肥市：2019 年 7 月，合肥市人民政府办公室发布《十五里河流域生态补偿办法（试行）》，被考核单位是十五里河水环境治理保护的责任主体，其应当采取有效措施，确保完成国家、省、市明确的水质考核目标。未达到断面水质考核目标的应当缴纳污染赔付金；考核断面水质优于考核目标一个及以上类别的给予适当补偿。

　　江门市：广东省江门市财政局积极探索以财政激励、直接转移支付、区域合作等财政补偿机制为主的补偿办法，对各市（区）生态保护进行补偿。2019 年，江门市财政用于潭江流域生态保护补偿 3 000 万元。

　　广州市：2019 年 3 月，广州市生态环境局印发《广州市生态保护补偿办法（试行）》，流域水环境补偿资金依据广州市确定（或认定）的跨区河流交界断面、直接入海断面、出市境断面等补偿断面的水质指标检测值与目标值的差额等因素综合考虑，补偿基准暂定每月 100 万元，以后年度根据流域生态环境、保护治理成本、水质改善收益、区支付能力等因素动态调整。入海断面、出市境断面由市政府行使下游区的权利和义务。流域水环境补偿资金由流域流经的区按照出境水质状况筹集、上解，水质未达标的区、水质达标区的下游区向市财政缴纳相应补偿资金，水质达标区通过市财政获得相应补偿资金。

　　孝感市：2019 年 1 月，孝感市政府出台了《孝感市澴河生态补偿方案》及考核细则，2019 年 7 月，市政府又批准出台了《孝感市府河流域生态补偿方案》。两条河流用两个同样的考核机制引导和约束水环境治理，覆盖了孝感市 6 个县（市、区）（汉川市被湖北省纳入天门河流域生态补偿机制）。

　　结合孝感市实际，将化学需氧量、氨氮、总磷 3 个主要指标作为考核因素，市财政部门对两条河流各安排 300 万元奖补资金，用于年度考核达标优胜奖励，同时每个河流流经的县（市、区）政府各缴纳 300 万元的水质保证金，年终结算并兑现全年奖惩资金。

4.6 其他领域生态保护补偿政策

4.6.1 草原生态保护补助奖励政策

草原生态保护补助奖励政策持续推进。自 2011 年国家在内蒙古、新疆、西藏、青海、四川、甘肃、宁夏和云南 8 个拥有主要草原牧区的省（区）和新疆生产建设兵团建立草原生态保护补助奖励机制并补贴 136 亿元以来，又将范围扩大到黑龙江省等 5 个拥有非主要牧区的省份的 36 个牧区、半牧区县，覆盖了全国 268 个牧区、半牧区县。近年来，国家在河北、山西等 13 个省（区）以及新疆生产建设兵团和黑龙江省农垦总局启动实施草原补奖政策，有力地促进了牧区草原生态、牧业生产和牧民生活改善，并取得了显著成效（表 4-2）。

表 4-2　全国及典型省份草原生态保护补助奖励

区域	补偿范围	补偿标准	政策效果
全国	新疆、西藏、内蒙古、青海、四川、甘肃、宁夏和云南、山西、河北、黑龙江、辽宁、吉林 13 个省（区）	禁牧补助 6 元/（亩·a）；草畜平衡奖励 1.5 元/（亩·a）；人工种植牧草良种补贴 10 元/（亩·a）；牧民生产资料综合补贴 500 元/（户·a）	草原综合植被盖度提高、鲜草产量增加、农牧民收入增长
内蒙古	内蒙古 10.2 亿亩可利用草原纳入国家草原补奖范围	按照禁牧每标准亩 6 元、草畜平衡每标准亩 1.5 元给予补助奖励	经过治理，内蒙古草原生态恢复速度明显加快，天然草原放牧牲畜头数减少，草原"三化"（沙化、退化、盐渍化）面积减少，草原植被盖度提高

区域	补偿范围	补偿标准	政策效果
新疆	可利用的 6.9 亿亩天然草原实施禁牧或草畜平衡补偿政策	将禁牧补助标准下调为每年 5.5 元/亩（国家制定的禁牧补助标准为每年 6 元/亩），这样可调剂出 7 500 万元（0.5 元/亩×1.5 亿亩=7 500 万元），以每年每亩 50 元的禁牧补助标准对 150 万亩草场实施补助	惠及全疆 30 万户农牧民
西藏	实施范围覆盖了全区 74 个县（区）	草原生态保护补助奖励机制，是按照每年每亩 6 元的标准，对禁牧牧民给予禁牧补助；按照每年每亩 1.5 元的测算标准，对未超载的牧民给予草畜平衡奖励；按照每年每亩 10 元的标准，给予牧草良种补贴；按照每年每户 500 元的标准，对牧民生产用柴油、饲草料等生产资料给予补贴	一是草原生态环境加快改善；二是草原畜牧业生产方式加快转型；三是农牧民收入加快增长。"十二五"期间，全区农牧民年人均可支配收入的 10% 来自草原生态补奖政策，特别是大部分牧业县草奖资金占牧户可支配收入的 60% 以上，草原生态补奖政策在农牧民增收方面发挥了重要作用
青海	全省可利用草原总面积 4.74 亿亩	禁牧补助标准为：玉树和果洛 5 元/（亩·a）；海北和海南 10 元/（亩·a）；黄南 14 元/（亩·a）；海西 3 元/（亩·a）；草畜平衡奖励 1.5 元/（亩·a），牧草良种补贴 50 元/（亩·a）、人工种草补贴 10 元/（亩·a），综合补贴为 500 元/（户·a）	完成草原重大生态工程投资，实施了草原鼠害虫害防治、黑土型退化草地和沙化草原治理等保护项目；对 2.45 亿亩中度以上退化天然草原实施禁牧补助，对 2.29 亿亩可利用草原实施草畜平衡奖励

2018 年，中央财政安排新一轮草原生态保护补助奖励 187.6 亿元（图 4-2），支持实施禁牧面积 12.06 亿亩、草畜平衡面积 26.05 亿亩，并对工作突出、成效显著的地区给予奖励，由地方政府统筹用于草原管护、推进牧区生产方式转型升级，其中，针对禁牧补助、草畜平衡奖励，要求各地按

照"对象明确、补助合理、发放准确、符合实际"的原则，根据补助奖励标准和封顶保底额度，做到及时足额发放。资金发放实行村级公示制，广泛接受群众监督。绩效评价奖励在统筹支持落实禁牧补助和草畜平衡奖励基础工作的同时，要求各地用于草原生态保护建设和草牧业发展的比例不得低于 70%，并因地制宜地推进草牧业试验试点工作，加大对新型农业经营主体发展现代草牧业的支持力度。

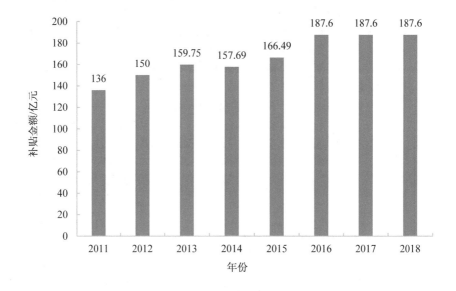

图 4-2　2011—2018 年国家对草原生态保护补助奖励情况

数据来源：生态环境部环境规划院，《中国环境经济政策进展年度报告：2018》，2018 年 1 月。

4.6.2　森林生态效益补偿

中央财政加强林业生态保护。2019 年 1 月，国家林业和草原局印发的《国家林业和草原局 2019 年工作要点》，重点指出全年计划完成造林 1.01

亿亩，森林抚育 1.2 亿亩，治理退化草原 1 亿亩以上；实现林业产业总产值 7.8 万亿元，林产品进出口贸易额 1 650 亿美元。2019 年共计发放生态保护恢复资金 292.88 亿元，其中黑龙江省最多，高达 84.71 亿元（表 4-3）。完善天然林资源保护、森林生态效益补偿等生态补偿脱贫政策，扩大生态护林员选聘规模。坚持国土绿化与精准扶贫相结合，争取将贫困地区有意愿且符合政策规定的耕地全部纳入退耕还林还草范围，加大造林、森林抚育等的支持力度，支持组建扶贫造林种草专业合作社，吸纳更多有劳动能力的建档立卡贫困人口参与生态建设和保护。

表 4-3　2019 年林业生态保护恢复资金分配情况

地区	2019 年分配资金/万元
北京	850
天津	49
河北	47 471
山西	73 893
内蒙古	411 453
辽宁	15 254
吉林	416 184
黑龙江	847 112
浙江	4 020
安徽	5 243
福建	16 684
江西	37 359
河南	13 368
湖北	48 581
湖南	31 680

地区	2019 年分配资金/万元
广东	2 674
广西	26 358
海南	1 959
重庆	77 222
四川	88 212
贵州	196 398
云南	178 965
西藏	53 975
陕西	95 901
甘肃	114 129
青海	19 527
宁夏	35 628
新疆	68 689
合计	2 928 838

数据来源: 财政部、国家林业和草原局,《关于下达 2019 年林业生态保护恢复资金的通知》(财农〔2019〕24 号)。

　　修订《中华人民共和国森林法》,明确森林权属、建立森林生态效益补偿制度。2019 年 12 月,第十三届全国人民代表大会常务委员会第十五次会议修订《中华人民共和国森林法》(以下简称《森林法》),自 2020 年 7 月 1 日起施行。新《森林法》实行森林分类经营管理制度,将森林分为公益林和商品林,公益林实行严格保护,商品林由林业经营者依法自主经营。对于公益林,法律明确规定,公益林划定涉及非国有林林地的,应当与权利人签订书面协议,并给予合理补偿。国家建立森林生态效益补偿制度,加大对公益林的保护支持力度。在不影响公益林生态功能、经科学论证的前提下，可以合理利用公益林林地资源和森林景观资源，适度开展林下经济、森林旅游等，增加森林经营者的收益。

地方强化林业资金管理。浙江省财政厅、林业局联合印发《关于下达2019年森林生态效益补偿资金的通知》，共下达森林生态效益补偿资金13.7亿元，其中包括中央财政资金1.97亿元。2019年，浙江省新增自然保护区和国家公园公益林面积12.95万亩，增加保护区租赁面积45.45万亩，全省省级以上公益林建设规模达到4 548.63万亩。同时在总量不变的情况下，浙江省省级以上公益林区划落界首次实现跨县调整8.92万亩。2019年列入省级以上财政补偿面积4 200.11万亩，实施保护区公益林集体租赁面积124.27万亩。2019年落实省级以上财政资金136 721万元，其中公益林补偿资金131 339.70万元、保护区公益林集体林租赁资金5 381.68万元，较2018年增加985万元。四川省和广东省也分别出台相应的管理办法，对补助标准进行了明确，同时强化了林业资金使用管理。

建立提高森林覆盖率横向生态补偿机制。2019年3月，重庆市九龙坡区与城口县签订了《横向生态补偿协议》。可以通过横向生态补偿（即购买其他区县森林面积指标）的方式，完成森林覆盖率目标任务。按照补偿机制确定的相关标准，江北区以造林1 000元/（亩·a）、管护100元/（亩·a）（按15年进行计算），购买酉阳县7.5万亩森林面积指标，总额为1.875亿元，分3年支付给酉阳县。

4.6.3 海洋生态保护补偿

海洋生态保护补偿制度建设探索不断深入。国家高度重视海洋生态保护补偿，自2015年7月国家海洋局印发《海洋生态文明建设实施方案（2015—2020年）》以来，国家海洋局就开始牵头制定海洋生态保护补偿相关标准，同时加大对重点生态功能区的转移支付力度，探索流域—海域生

态补偿机制以及海洋工程建设项目生态补偿机制。截至 2018 年，国家海洋局已经出台了《海洋生态损害评估技术导则》，同时《海洋开发利用活动生态保护补偿管理办法》和《海洋类保护区生态保护补偿管理办法》等文件正在研究制定中，逐步探索建立较为完善的海洋生态保护补偿制度。2019 年 5 月，自然资源部党组印发《自然资源部北海局、东海局、南海局职能配置、内设机构和人员编制规定》，规定自然资源部东海局的主要职责是监督检查海区海洋生态保护红线制度实施、海洋生态保护与整治修复工作；承担海区海洋生态保护补偿工作；组织制定海洋生态、海域海岸带和海岛修复制度、标准规范。2019 年 5 月，中共中央办公厅、国务院办公厅印发了《国家生态文明试验区（海南）实施方案》，进一步发挥海南省生态优势，深入开展生态文明体制改革综合试验试点工作，建设国家生态文明试验区，建立形式多元、绩效导向的生态保护补偿机制。

沿海地方自发积极探索建立海洋生态保护补偿机制。2019 年 7 月，山东省第十三届人民代表大会常务委员会第十三次会议审议通过了《山东省长岛海洋生态保护条例》。条例规定山东省人民政府、烟台市人民政府和长岛试验区管理机构应当按照"谁受益，谁补偿"的原则，完善生态保护补偿机制，鼓励通过市场化、多元化方式筹集生态保护补偿资金。天津市也于 2019 年 1 月在天津市第十七届人大常委会第二次会议表决通过了《天津市生态环境保护条例》，根据国家规定建立健全生态保护补偿制度，天津市和相关区人民政府应当落实生态保护补偿资金，加大对重点生态保护区域的补偿力度。

2019 年 10 月，广西壮族自治区海洋局颁布《广西壮族自治区海洋生态补偿管理办法》，办法规定生态保护补偿包括海洋生态保护补偿和海洋生态损害补偿。在赤田水库流域和南渡江、大边河、昌化江、陵水河等流域开展试点工作，建立以水质水量动态评估为基础、市县间横向补偿与省级资金奖补相结合的补偿机制，海南省出台流域上下游横向生态保护补偿试点实施方案。

4.6.4 湿地生态效益补偿

中央财政继续加大湿地生态保护修复支持力度。 2019 年 1 月，国家林业和草原局印发《国家林业和草原局 2019 年工作要点》，全面落实《湿地保护修复制度方案》，完善湿地生态效益补偿、退耕还湿等财政补助政策，实施一批湿地保护修复重点工程，加大小微湿地以及国有林区湿地公园建设力度。推进湿地分级管理，配合做好第三次全国国土调查中的湿地落地定界，发布首批国家重要湿地名录。加强湿地公园建设和管理，新建一批国家湿地公园。

地方积极探索建立湿地生态效益补偿机制。 2019 年 1 月，江西省林业局制定出台的《江西省鄱阳湖国家重要湿地生态效益补偿资金管理办法》，明确细化了鄱阳湖国家重要湿地生态效益补偿范围、补偿对象和补偿标准等内容，有利于进一步完善江西省湿地生态效益补偿机制。2019 年 3 月，北京市园林绿化局印发《2019 年野生动植物和湿地保护工作要点》，研究起草湿地生态效益补偿政策。确定湿地生态效益补偿的范围和形式，建立合理的补偿资金标准、考核评价制度和沟通协调平台。2019 年 9 月，北京市园林绿化局印发《落实市政府办公厅〈关于健全生态保护补偿机制的实施意见〉工作方案》，开展建立湿地生态保护补偿政策研究工作。适度推进退耕还湿，恢复和扩大湿地面积。探索建立湿地生态保护补偿机制，率先在自然保护区、国家重要湿地和市级湿地开展补偿试点工作，逐步完善湿地保护和恢复制度（专栏 4-6）。

专栏 4-6　江西省：鄱阳湖国家重要湿地生态效益补偿资金管理办法

　　2019 年 1 月，江西省出台《江西省鄱阳湖国家重要湿地生态效益补偿资金管理办法》（以下简称《办法》），出台《办法》是江西省委深改组 2018 年年度工作要求，《办法》在总结近年来鄱阳湖国际重要湿地生态效益补偿试点经验和结合国家湿地生态补偿项目管理要求的基础上研究制定，进一步完善了江西省湿地生态效益补偿机制。

　　《办法》明确细化了鄱阳湖国家重要湿地生态效益补偿范围、补偿对象和补偿标准，对因保护候鸟等野生动物而遭受损失的农户给予受损补偿。补助范围包括鄱阳湖周边的进贤、新建、都昌、湖口、永修、余干、鄱阳、万年和东乡等 15 个县（市）。补偿对象分三类：鄱阳湖周边不超过 5 km 范围内，受损的基本农田及第二轮土地承包范围内的耕地承包经营权人、社区和承担了鄱阳湖国家重要湿地保护任务的鄱阳湖国家级自然保护区管理局。耕地承包经营权人，必须支持、配合湿地和候鸟保护工作，近 3 年无破坏湿地和非法猎捕候鸟的行为。如上年度已获专项补贴但又被发现有破坏湿地、猎捕候鸟的行为，获补人专项补贴将被收回。补贴标准则根据受损耕地面积多少，原则上按照每亩 80 元的标准，各地可根据具体情况上下调整，调幅不超过 30%。获补社区也必须长期支持和配合湿地与候鸟保护工作，资金用于社区绿化、垃圾无害化处理、改水、改厕、改路等环境改善项目及候鸟栖息地恢复、乡村小微湿地打造等建设，每个项目总投资控制在 50 万元以内。

4.6.5　矿产资源补偿

　　推动建立矿产资源合理补偿制度。2019 年 4 月，中共中央办公厅、国务院办公厅印发了《关于统筹推进自然资源资产产权制度改革的指导意见》，坚持政府管控与产权激励并举，增强生态修复合力。编制实施国土空间生态修复规划。坚持"谁破坏，谁补偿"原则，建立健全依法建设占用各类自然生态空间和压覆矿产的占用补偿制度，严格占用条件，提高补偿标准。落实和完善生态环境损害赔偿制度，由责任人承担修复或赔偿责任。对责任人灭失的，遵循属地管理原则，按照事权由各级政府组织开展修复工作。按照"谁修复，谁受益"原则，通过赋予一定期限的自然资源资产使用权等产权安排，激励社会投资主体从事生态保护修复（专栏4-7、专栏4-8）。

专栏4-7 河北省：建立健全依法建设占用各类自然生态空间和压覆矿产的占用补偿制度

河北省建立健全依法建设占用各类自然生态空间和压覆矿产的占用补偿制度。2019年8月，河北省自然资源厅印发《关于统筹推进自然资源资产产权制度改革的实施意见》，坚持"谁破坏，谁补偿"原则，建立健全依法建设占用各类自然生态空间和压覆矿产的占用补偿制度，严格占用条件，提高补偿标准。落实和完善生态环境损害赔偿制度，由造成生态环境损害的责任人承担修复或赔偿责任。对责任人灭失的，遵循属地管理原则，按照事权由各级政府组织开展修复工作。按照"谁修复，谁受益"原则，通过赋予自然资源资产使用权等措施，鼓励社会投资主体从事生态保护修复。

专栏4-8 呼和浩特市：落实自然保护区内矿业权退出补偿

2019年4月，呼和浩特市人民政府印发《呼和浩特市自然保护区内矿业权退出补偿办法》。退出补偿适用范围：呼和浩特市境内市级以上自然保护区矿业权退出补偿按照本办法执行；旗县级自然保护区内矿山企业退出补偿工作，由各旗（县、区）人民政府参照本办法组织实施。补偿标准：自然保护区矿业权退出补偿要与矿山地质环境恢复治理工作挂钩，在矿山地质环境恢复治理验收后，一并核算补偿。最终补偿金额为矿山企业退出应补偿金额减去旗（县、区）人民政府出资的地质环境治理费用后确定的合理补偿金额。

4.6.6 环境空气质量生态补偿

多地探索深化环境空气质量生态补偿。多地积极推进实施环境空气质量生态补偿，将生态环境质量逐年改善作为区域发展的约束性要求按照"谁改善，谁受益""谁污染，谁付费"的原则，建立考核奖惩和生态补偿机制。2019 年 2 月，淮南市人民政府办公室印发《淮南市环境空气质量生态补偿暂行办法》，以各县（区）、开发区（园区）的细颗粒物（$PM_{2.5}$）和可吸入颗粒物（PM_{10}）平均浓度季度同比变化情况为考核指标，建立考核奖惩和生态补偿机制（表 4-4）。

表 4-4 国内典型省、市空气质量生态补偿标准

地区	考核内容	资金核算方法	补偿资金额度
山东省	以各设区市的 $PM_{2.5}$、PM_{10}、SO_2、NO_2 季度平均浓度同比变化情况为考核指标，各污染因子的权重分别为 60%、15%、15%、10%	以某设区市的补偿资金额度为考核指标，某设区市的补偿资金额度等于季度平均浓度同比加权变化量与稀释扩散调整系数以及生态补偿资金系数的乘积；全省 17 市实行分类考核，青岛、烟台、威海、日照大气污染物稀释扩散条件较好的 4 个沿海城市稀释扩散调整系数为 1.5，其他 13 个市的稀释扩散调整系数为 1；生态补偿资金系数为 40 万元/[μg/ (m³·a)]	该机制实施两年来，省级财政累计发放生态补偿资金 3.4 亿元，各地市上缴生态补偿资金 2 384.5 万元，其中 2014 年发放 2.1 亿元，各地市上缴 413.5 万元；2015 年发放 1.3 亿元，有关市上缴 1 971 万元

地区	考核内容	资金核算方法	补偿资金额度
四川省	对PM_{10}年均浓度下降比例、年度目标任务情况进行考核；对各市（州）当年PM_{10}、SO_2、NO_2年均质量浓度与上年同比变化情况进行考核，视改善情况给予激励；PM_{10}、SO_2、NO_2年均质量浓度三项考核指标的权重分别为60%、20%、20%	每年年初，由省级财政部门下达每个市（州）环境空气质量年度目标任务激励资金500万元，由各市（州）统筹用于本地区大气污染防治等工作；次年由环境保护厅对各市（州）上年环境空气质量年度目标任务完成情况进行考核；对未完成目标任务的市（州），视实际完成情况进行分档扣收，最大扣收额为500万元；完成年度目标任务的市（州）对预下达资金不予扣收	2015年四川省累计安排省级环境空气质量考核资金1.3亿元，获得环境空气质量考核激励资金的有成都、自贡、攀枝花、泸州、德阳、绵阳、广元、遂宁、内江、乐山、南充、宜宾、巴中、雅安和阿坝、甘孜、凉山等17个市（州）；4个市被扣缴资金，分别是眉山市（300万元）、资阳市（300万元）、广安市（200万元）、达州市（100万元）
湖北省	建立双项考核机制。按照"谁改善，谁受益""谁污染，谁付费"的原则，结合国家空气质量考核标准和湖北省实际，以湖北省大气首要特征污染物为指标，建立"环境空气质量逐年改善"与"年度目标任务完成"相结合的生态补偿机制	对PM_{10}、$PM_{2.5}$年平均浓度达到《环境空气质量标准》（GB 3095—2012）二级标准的地区，若按考核方法计算结果为负值，不扣缴生态补偿资金；生态补偿资金系数暂定为30万元/[$\mu g/(m^3 \cdot a)$]	—
江苏省	—	对空气质量优秀的城市奖励100万元，对良好的城市奖励50万元，对未达标的城市则启动约谈机制	—

83

地区	考核内容	资金核算方法	补偿资金额度
银川市	以各县（市、区）PM$_{10}$、PM$_{2.5}$、SO$_2$、NO$_2$季度平均浓度同比变化情况为考核指标，建立考核奖惩和生态补偿机制；4类污染物考核权重分别为50%、15%、20%、15%	生态补偿资金核算方式与山东省基本相同，生态补偿资金系数暂定为 20 万元/[μg/（m^3·a）]	—

数据来源：董战峰，李红祥，葛察忠，等. 环境经济政策年度报告 2015[J]. 环境经济，2016（Z5）：13-33.

山东省环境空气质量生态补偿制度成效显著。2019 年 3 月，山东省人民政府印发《关于深化省以下财政管理体制改革的实施意见》，提出设立主要污染物排放调节资金。根据各市化学需氧量、氨氮、二氧化硫、氮氧化物4 项主要污染物年度排放总量，对东部地区、中部地区、西部地区按照梯度递减的标准，向各市征收主要污染物排放调节资金，对环境空气质量改善的市（区）给予生态补偿资金，环境空气质量恶化的市（区）缴纳生态赔偿资金。对细颗粒物、可吸入颗粒物年均浓度同时达到《环境空气质量标准》（GB 3095—2012）二级标准的市（区），二氧化硫、二氧化氮年均浓度同时达到《环境空气质量标准》（GB 3095—2012）一级标准的市（区），空气质量连续两年达到《环境空气质量标准》（GB 3095—2012）二级标准的市（区），给予一次性奖励（专栏 4-9）。

专栏 4-9　青岛市推进实施环境空气质量生态补偿

2019 年 5 月，青岛市生态环境局联合市财政局出台了《青岛市 2019 年环境空气质量生态补偿方案》，这也是青岛市连续第 6 年开展环境空气质量生态补偿工作。该方案"将生态环境质量逐年改善作为区域发展的约束性要求"和"谁改善，谁受益""谁污染，谁付费"的原则，确定三项指标：一是考核各区（市）细颗粒物（$PM_{2.5}$）、可吸入颗粒物（PM_{10}）平均浓度达标改善情况，两类污染物考核权重分别为 50%、50%。二是考核空气质量优良天数比例。以上两项的考核范围均为市南区、市北区、李沧区、崂山区、西海岸新区、城阳区、即墨区、胶州市、平度市、莱西市、高新区。三是考核有关区（市）秸秆禁烧工作，根据秸秆禁烧工作情况，对有关区（市）进行资金奖励或扣缴，考核范围为西海岸新区、城阳区、即墨区、胶州市、平度市、莱西市。其中，生态补偿金系数为 40 万元/ [μg/ ($m^3 \cdot$a)]。对秸秆禁烧工作的考核，重点禁烧区域（机场、交通干线、高压输电线路附近、人口集中区、各级自然保护区和文物保护单位等）每出现 1 处火点，所在辖区向市财政缴纳 10 万元；其他区域每出现 1 处火点，缴纳 5 万元。对全年未出现秸秆焚烧火点的区（市），市财政奖励 50 万元。

4.7　存在的问题与发展方向

4.7.1　存在的问题

生态补偿基准与标准不合理。主要表现在以下三个方面：一是部分省份生态补偿基准偏低，因而未能明显促进生态环境质量进一步改善；部分流域生态补偿基准较高，生态环境质量改善即将面临"天花板"。例如，新安江流域上游的安徽省反映，生态补偿基准设置较高且不公平，上游黄山

市流域水环境保护的压力持续增加，现有生态补偿机制已经到了"瓶颈"。二是生态补偿标准偏低，对不同位置地区的激励不足，且难以平衡关联地区共同利益分配等问题。目前的补偿标准主要由不同地区政府部门共同协商确定，缺乏第三方科学测算依据，没有充分体现机会成本、污染治理成本和生态系统服务价值等因素，生态补偿标准偏低，部分地区难以合理受偿。三是转移支付标准设置不合理。重点生态功能县域转移支付标准主要基于地方标准的财政收支缺口，地方的生态环境功能状况、生态环境保护投入等仅为调整参数，在转移支付因素中所占权重较低，每年根据生态环境质量等指标给予的奖惩资金仅占补助总额的 0.7%左右。转移支付标准没有实现与县域的生态环境绩效挂钩，转移支付资金激励机制不到位问题突出。

多元化、市场化补偿渠道未形成。一是产业扶持、人才培训、技术援助等多元化补偿更多体现在各类协议层面，并未实质性推进。例如，新安江流域上下游均较多地开展短期人才交流培训活动，上下游协商议定的下游对上游的产业补偿尚未到位，下游产业向上游转移存在现实障碍；下游地区的教育、科技、人才等资源开放共享机制尚未建立，黄山市享受杭州都市圈发展的红利并不明显。二是市场化补偿资金来源缺乏。主要表现在：政府推动手段较为单一，各级政府和部门推动生态补偿主要以"输血型"的财政转移支付、相关专项资金奖励为主；生态补偿资金的流转仍以中央至地方各级政府的财政转移支付为主，这种缺乏基于市场的、依赖政府补贴的"外部输血"补偿方式，导致地方缺乏生态保护的内在驱动力，难以有效调动地方生态保护和自我发展的积极性。生态补偿实施支撑能力不足。一是生态补偿实施技术支撑不足。生态补偿机制建设在补偿范围、补偿对象、补偿标准等方面还存在技术障碍，缺乏细化标准和规则，上下游之间的环境账、经济账难以核算，补偿利益关系难以协调。部分生态补偿指标体系单一，不符合综合治理需求。重点功能区提供的生态服务价值核算缺乏标准规范，受补偿地区的生态贡献难以测算，转移支付依据生态环境保护绩效的调节不足。二是生态环境监测统计机制不完善。部分地区的监测统计能力不能满足补偿机制实施的需要，生态环境监测体系不健全，相关基础信息缺失，补偿标准的测定缺乏数据支撑，未对资金使用的具体用途进行常态化的统计归档，不利于资金使用的跟踪分析和绩效评价。三是生态补偿实施评估机制欠缺。尚未建立生态补偿实施评估机制，对目标及任务完成度、补偿资金使用及落实过程、项目实施等情况缺乏跟踪管理，对生态补偿实施后的效益评估缺少科学评价依据，影响生态补偿工作深入推进。

4.7.2 发展方向

健全流域横向生态补偿机制。一是总结并推广新安江流域生态补偿经验。全面总结新安江跨省流域生态补偿模式经验，分析新安江流域生态补偿带来的生态效益、经济效益及社会效益，制度存在的主要问题等，为其他流域建立横向生态补偿制度提供经验。二是加强流域横向生态补偿的基准规范研究。开展以改善水生态环境质量为核心的流域生态保护补偿基准和资金分配方法研究，完善与水生态环境质量挂钩的财政资金奖惩机制。跨省流域上下游地区交界监测断面的水质补偿基准应经协商后进行明确。以科学的补偿基准促进流域水质改善，跨省流域补偿基准应高于国家水质目标要求，省内流域补偿基准应不低于国家水质目标要求。结合流域实际，对指标体系实施动态管理，综合考虑水质、水量等指标，鼓励水质优良区域增加水生态指标，因地制宜地探索实施差异化生态补偿模式。三是建立长江、黄河等重点流域生态补偿机制。推进建立健全长江、黄河重点流域横向生态补偿机制，协调推动流域上下游生态补偿试点，总结酉水、滁河、渌水流域补偿经验，并在长江流域推广，推进湟水河、渭河、沁河等黄河

典型支流上下游横向生态补偿机制建设。推动实施一批长江、黄河生态环境保护重大工程，推进中央环保投资项目储备库建设，加强专项资金绩效评价与监督。研究建立黄河等重点流域生态补偿基金，通过政策激励和引导吸引社会出资方，包括大型商业银行、产业投资基金等金融机构参与生态环境保护。研究建立滩区生态移民和农田休耕补偿机制。

推动生态补偿市场化、多元化。一是鼓励金融机构等多方主体参与。积极推动政策创新，鼓励金融机构创新金融服务支持生态补偿，鼓励生态环保公益组织参与生态补偿，引导非政府组织、协会等机构参与生态环境保护。二是吸引经营性收入投入到流域生态补偿基金中。从流域生态环境保护直接受益的水电站及风景名胜区、自然保护区等的生态旅游收入中提取一定比例资金纳入流域生态补偿基金。三是加大生态产业发展政策扶持力度。建立健全有关产品与产业的绿色标识、绿色采购、绿色金融、绿色利益分享机制，引导社会投资者对生态环境保护者的补偿。四是推进地方探索多元化补偿方式。指导地方探索以资金补偿为基础的产业扶持、人才培养、技术援助等补偿方式，开展资金、技术、人才、产业等相结合的流域生态补偿研究，鼓励将多种形式的生态补偿方案纳入各试点流域的补偿协议中。五是加快推进流域生态环境权益交易。健全流域资源开发补偿制度、污染物减排补偿制度、碳排放权抵消补偿制度，探索排污权交易、碳排放权交易、生态建设配额交易等市场化的生态补偿。完善和推广流域水权交易机制，制定出台流域水权交易办法。

强化生态补偿实施能力支撑。一是推进生态补偿立法。加快生态补偿立法进程，配合国家发展改革委尽快出台生态补偿条例。开展生态补偿法储备研究，为生态补偿制度化建设提供法律保障。二是通过生态环境考核等促进实施生态补偿。完善生态补偿绩效评估机制，推进将实施生态补偿作为各类生态环境考核、创建评比的主要指标的工作，生态补偿资金向流域水质考核优秀的上游地区、国家生态文明建设示范市（县）、"两山"实践创新基地适当倾斜。加强通过政策优惠、金融支持等多元化方式对考核优秀地区的支持。三是出台生态补偿有关技术指南。做好生态保护补偿政策制定，加快出台横向生态补偿机制建设的文件，起草关于加强横向生态补偿机制建设的指导意见；分类出台生态补偿标准技术指南，指导地方开展流域生态补偿、重点生态功能区转移支付补偿等工作；出台生态系统服务价值核算技术指南、流域生态补偿实施评估技术指南等，开展生态系统价值核算体系研究与试点工作，建立生态补偿实施定期评估机制。

5

环境权益交易

我国环境权益交易制度改革不断深化，环境权益交易政策体系不断完善。国家积极出台顶层设计制度与办法，地方试点推动落实与实践，自然资源资产产权登记与交易、排污权交易与平台整合、水权交易与用能交易等均在持续推进。其中，碳排放权交易进入深化完善期、地方实践经验丰富。

5.1 自然资源资产产权交易

自然资源资产产权制度改革全面推开。 2015 年 9 月，中共中央、国务院印发的《生态文明体制改革总体方案》，把健全自然资源资产产权制度列为生态文明体制改革八项任务之首，指出要构建归属清晰、权责明确、监管有效的自然资源资产产权制度，着力解决自然资源所有者不到位、所有权边界模糊等问题。2019 年 4 月，中共中央办公厅、国务院办公厅印发《关于统筹推进自然资源资产产权制度改革的指导意见》（以下简称《意见》），明确了统筹推进自然资源资产产权制度改革的时间表与路线图。《意见》指出我国自然资源资产产权制度改革首要解决所有者不到位、权责不清、权益不落实和监管保护制度不健全的问题。自然资源资产产权制度改革中，明晰产权是基础。具体来说，在土地方面，将落实承包土地所有权、承包权、经营权"三权"分置，开展经营权入股、抵押，探索宅基地所有权、资格权、使用权"三权"分置；在矿产方面，探索研究油气探采合一权利制度；在海洋方面，探索海域使用权立体分层设权制度；推进农村集体所有的自然资源资产所有权确权制度，依法明确农村集体经济组织特别法人地位，明确农村集体所有自然资源资产由农村集体经济组织代表集体行使所有权。《意见》提出要统一自然资源分类标准、统一自然资源调查监测评价制度、统一组织实施全国自然资源调查。明确全民所有自然资源资产所有权代表行使主体登记为国务院自然资源主管部门，逐步实现自然资源确权登记全覆盖。全民所有自然资源资产所有权委托代理机制试点在福建、江西、贵州、海南等地探索开展。

自然资源统一确权登记全面启动。2019 年 7 月，自然资源部、财政部、生态环境部、水利部、国家林业和草原局五部门联合印发《自然资源统一确权登记暂行办法》（自然资发〔2019〕116 号），同步印发的《自然资源统一确权登记工作方案》，明确从 2019 年起，利用 5 年时间基本完成全国重点区域自然资源统一确权登记。本次确权登记主要包括国家公园自然保护地，自然保护区、自然公园等其他自然保护地，江河湖泊等水流自然资源，湿地、草原等自然资源，海域、无居民海岛等自然资源，探明储量的矿产资源，森林自然资源等确权登记工作，以及自然资源确权登记信息化建设工作等八大任务。建立和实施自然资源统一确权登记制度，是推进自然资源确权登记法治化，实现山水林田湖草整体保护、系统修复、综合治理的必要进程。

全国统一确权登记工作围绕自然资源和不动产确权登记这两条主线不断提质增效，信息共享集成机制初步形成。2019 年，各地认真贯彻《国务院办公厅关于压缩不动产登记办理时间的通知》（国办发〔2019〕8 号）和优化营商环境等要求，自然资源资产产权和不动产确权工作跑出"加速度"、取得新进展。全国 90% 以上的市（县）一般登记、抵押登记分别压缩至 10 个和 5 个工作日内，17 个省份实现了一般登记和抵押登记全部压缩至 5 个工作日，国务院确定的年度目标任务基本实现。各地积极处置历史遗留问题，累计出台政策文件 900 多份，共化解 600 多万个历史遗留问题，不动产登记不断加速。此外，全国信息共享集成机制建设加速，自然资源部与 11 个部门制定了信息共享实施方案，实现部门间网络连通和信息共享，印发的技术服务指南，明确"属地共享、省级推动、国家支持"的工作思路和"双网并通、外网优先，接口调用、嵌入共享"的技术路线，22 个省份完成申请共享国家层面信息。全国约 1/3 的市（县）与住建、税务、公安、市场监管、民政、法院等部门实现信息共享，实施"互联网+不动产登记"。

农村不动产确权登记高位推动。2019 年，各省（区、市）加强领导，推动农村不动产确权登记工作。大多数省份积极开展农村"房地一体"确权登记工作，天津、浙江、重庆等省（市）基本完成，江苏、广西、海南、河北、四川、河南等省（区）宅基地确权登记完成 80% 以上①。各省（区、市）加强调度，摸清底数，配合开展全国农村不动产确权登记发证调查摸底工作，分省（区、市）摸清了全国农户、宅基地和集体建设用地底数，建立了工作台账和月报制度。农村不动产地籍调查基础不断夯实，河北、吉林、江西、福建、甘肃、宁夏等省（区）陆续颁布农村房地一体不动产确权登记方案，基本完成"房地一体"地籍调查。

厦门市推进海域海岛等自然资源资产产权制度改革。2018 年 11 月，厦门市政府办公厅印发《厦门市自然资源产权制度改革实施方案》（厦府办〔2018〕209 号），明确厦门市将推进海域海岛等自然资源资产产权制度改革，鼓励通过市场化方式出让经营性用海的海域使用权。提出适度扩大厦

---

① 资料来源：中华人民共和国中央人民政府网，《自然资源和不动产统一确权登记工作以"加速度"提质增效解难题》，http://www.gov.cn/xinwen/2020-01/06/content_5466778.htm。

门海域海岛资源资产产权权能。除国家审批的重大产业项目外，列入《划拨用地目录》的建设用地项目，列入省重点项目的能源、交通、水利项目以及传统养殖外的经营性项目用海用岛，通过招标、拍卖、挂牌方式取得海域海岛使用权，其中用于经营性房地产的，应以拍卖方式取得海域海岛使用权。同时将探索完善海域、无居民海岛使用权转让、抵押、出租、作价出资（入股）等权能，鼓励金融机构开展海域、无居民海岛使用权抵押融资业务。方案要求各相关部门建立自然资源资产产权制度改革联席会议机制。厦门市海洋与渔业局要强化对海域海岛的产权监管，并积极配合国家海洋督察工作。

宁夏回族自治区启动全民所有自然资源资产清查试点工作。2019 年 11 月，宁夏回族自治区启动自然资源资产清查工作，这对于强化自然资源资产管理、推动生态文明建设和产权制度改革等具有重要意义。作为全国第一批试点省份之一，宁夏回族自治区根据本地自然资源禀赋特点等条件，确定在自治区内 5 个地级市中的石嘴山市开展试点工作。据宁夏回族自治区自然资源厅介绍，试点工作将全面摸清石嘴山市土地、矿产、森林、草原、湿地等各类全民所有自然资源资产的数量、质量、价格、分布、用途、使用权、收益等属性要素信息，统一建立专项数据库，开展统计分析、评估等工作，并形成清查制度，为下一步宁夏回族自治区全面开展全民所有自然资源资产清查工作奠定基础。

雄安新区将开展立体分层供地试点，优先开展自然资源资产统一确权登记。2019 年 8 月，河北省自然资源厅印发的《关于统筹推进自然资源资产产权制度改革的实施意见》，提出到 2020 年，基本建立归属清晰、权责明确、保护严格、流转顺畅、监管有效的自然资源资产产权制度，自然资源保护力度不断加大，自然资源开发利用效率明显提升。根据上述文件，雄安新区将开展立体分层供地试点工作，优先开展自然资源资产统一确权登记。

5.2 排污权交易

建立排污权有偿使用和交易制度，是生态文明制度建设的重要内容。
自 2014 年国务院办公厅印发《关于进一步推进排污权有偿使用和交易试点
工作的指导意见》（国办发〔2014〕38 号）以来，在财政部、生态环境部、
国家发展改革委的积极推动和指导下，试点范围不断拓展。全国共有 28 个
省（区、市）和青岛市尝试开展了排污权有偿使用和交易试点工作。除三
部委正式批复的江苏、浙江、天津、湖北、湖南、山西、内蒙古、重庆、
河北、陕西、河南 11 个省（区、市）及青岛市外，福建、广东、甘肃等
17 个省（区、市）也不同程度地自行开展了排污权有偿使用和交易试点工
作。部分省（区、市）暂停了试点工作，目前实际开展排污权有偿使用和
交易试点的共有 15 个省（区、市）和青岛市，详见表 5-1。

表 5-1　全国排污权有偿使用与交易试点开展状态

试点类型	试点地区	试点状态
财政部、环境保护部、国家发展改革委批复的国家试点	河北	正在开展
	山西	正在开展
	内蒙古	正在开展
	江苏	正在开展
	浙江	正在开展
	湖北	正在开展
	湖南	正在开展
	重庆	正在开展
	陕西	正在开展
	青岛	正在开展
	天津	已暂停
	河南	已暂停

试点类型	试点地区	试点状态
	福建	正在开展
	江西	正在开展
	广东	正在开展
	甘肃	正在开展
	青海	正在开展
	黑龙江	正在开展
	贵州	已暂停
	辽宁	已暂停
自行开展或自行启动 前期工作的试点	北京	只启动前期工作，未开展
	吉林	只启动前期工作，未开展
	上海	只启动前期工作，未开展
	广西	只启动前期工作，未开展
	海南	只启动前期工作，未开展
	四川	只启动前期工作，未开展
	云南	只启动前期工作，未开展
	宁夏	只启动前期工作，未开展
	新疆	只启动前期工作，未开展

　　试点的地域范围和行业范围主要聚焦在各省（区、市）的主要区域和重点行业，污染因子多为纳入国家约束性指标的 4 项主要污染物。在行业范围上，大多数试点地区选取火电、钢铁、水泥、造纸、印染等重点行业作为交易行业，浙江、重庆等部分省（市）扩展到全行业范围；在污染因子的选取上，近一半的试点地区选取纳入"十二五"国家约束性总量指标的 4 项主要污染物（二氧化硫、氮氧化物、化学需氧量和氨氮）作为交易的污染因子，另有部分地区结合当地实际的污染特征进行了扩展，如山西省和甘肃省兰州市增加了烟（粉）尘，湖南省将重金属纳入交易试点范围，广东省顺德

区因其臭氧污染突出而将挥发性有机物（VOCs）纳入交易试点范围，浙江省湖州市增加了总磷。

排污权有偿使用和交易继续推进。2019 年各试点地区继续推进排污权有偿使用和交易工作，如浙江、陕西、湖南三省，截至 2019 年 12 月 26 日，征收排污权有偿使用费总计约 3.7 亿元，二级市场交易金额总计约 6.4 亿元。目前，浙江、重庆、内蒙古、河南等试点省（区）已完成全部新增污染源的排污权有偿使用，浙江省等少数试点地区已逐步将排污权有偿使用的范围扩展至现有污染源。我国排污权有偿使用和交易金额显著增加，该项试点工作取得阶段性成效。

深化排污权交易平台整合共享。在排污权交易平台建设方面，浙江、山西、陕西、湖北、湖南、贵州等省已经开发了集数据审核、指标申购、交易管理、交易买卖、信息发布于一体的交易管理平台及电子竞价平台，增强了数据的准确性、交易的公平性和管理的透明性。内蒙古自治区还建设完成了包含交易综合管理、储备综合管理、电子竞拍、价格测算、现场核查作业、水容量核算等在内的多个配套排污权交易平台的综合性管理系统。天津、河北、广东、福建、重庆、四川等省（市）在公共交易平台上进行排污权交易，与碳排放权等其他稀缺资源共用一个交易平台。2019 年 5 月，国家发展改革委出台的《关于深化公共资源交易平台整合共享指导意见》已经国务院同意并经国务院办公厅转发，意见指出对于全民所有自然资源、特许经营权、农村集体产权等资产股权，排污权、碳排放权、用能权等环境权，要健全出让或转让规则，引入招标投标、拍卖等竞争性方式，完善交易制度和价格形成机制，促进公共资源公平交易、高效利用。湖南省生态环境厅、公共资源交易中心联合下发了《关于推进主要污染物排污权纳入公共资源交易平台网上交易有关事项的通知》（湘环发〔2019〕19 号），对湖南省排污权全面纳入公共资源交易平台进行网上交易有关事项做出了具体安排。明确了交易的基本原则、交易职责分工，部署交易管理工作。全力试行排污权交易"一网通办"。自 2020 年起在全省范围内全面推行排污权在公共资源交易平台网上交易，实现排污权全省"一网交易"。

排污权交易能力建设稳步推进。为推动试点工作，试点省份均成立了排污权交易管理机构。浙江、福建、内蒙古、河北、江苏、山西、重庆、湖南、贵州、甘肃等省（区、市）设立了专门的排污权交易管理中心，工作人员数量最多的有 40 人；陕西、四川、青海等省的生态环境厅成立了交易管理机构，编制内管理人员约 3 人；此外，湖北、广东等省依托排污权交易所开展交易管理工作。

浙江省首创"排污权交易指数"体系。浙江省是经济发达省份，也是全国排污权交易最活跃的区块。作为全国第一批排污权交易试点地区，浙江省近年在排污权交易上持续领跑，在排污权交易政策制定、机构筹建、平台建设、市场培育和制度创新等方面均位于全国前列。2018 年年底，浙江省排污权交易中心在全国率先启动"浙江省排污权交易指数"研究工作。经过半年多的研究，创建了以排污权交易价格指数、交易量指数、交易活跃度指数为核心的排污权交易指数框架体系，并就排污权交易指数与环境、经济相关指数开展了相关性分析。2019 年 7 月，"浙江省排污权交易指数"研究项目经专家组评审正式成立。该指数通过对大数据拓展应用的具体实践，推动浙江省排污权交易迈上新台阶。2019 年，浙江省排污权交易指数保持上涨趋势，12 月交易指数达到全年最高值，最终收报于 1 373.45 点（图 5-1）。杭州市排污权交易指数全年较为平稳，在 200 点上下波动（图 5-2）。浙江省主要污染物排污权成交量在 6 月达到峰值。排污权成交量呈现波动增长趋势（图 5-3）。化学需氧量、氨氮、二氧化硫、氮氧化物年成交量分别为 3 069.99 t、404.16 t、5 833.58 t、10 209.88 t，年成交额分别达到 22 759.72 万元、3 064.07 万元、3 333.81 万元、7 649.17 万元（图 5-4）。

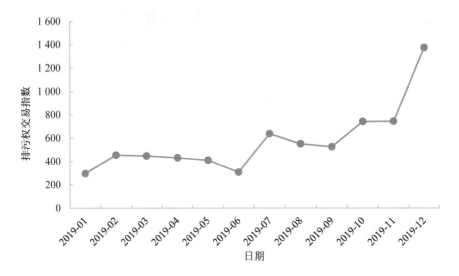

图 5-1　浙江省排污权交易指数变化情况

数据来源：浙江省排污权交易网，http: //www.zjpwq.net/cms/。

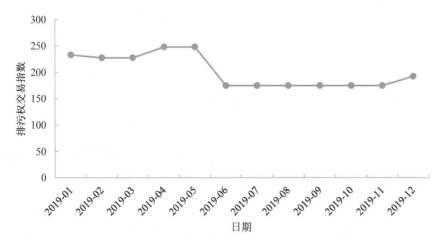

图 5-2　浙江省杭州市排污权交易指数变化情况

数据来源：浙江省排污权交易网，http: //www.zjpwq.net/cms/。

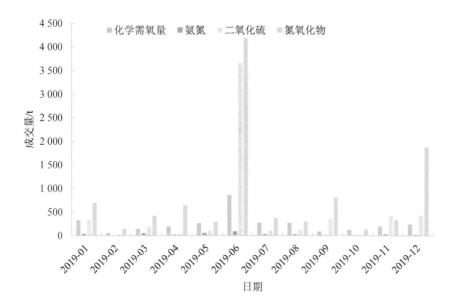

图 5-3　浙江省主要污染物排污权成交量

数据来源：浙江省排污权交易网，http：//www.zjpwq.net/cms/。

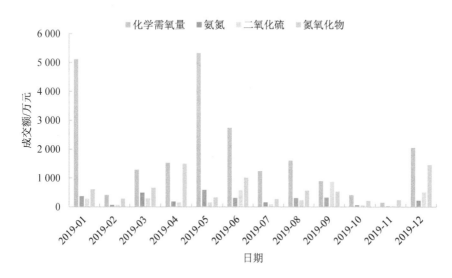

图 5-4　浙江省主要污染物排污权成交额

数据来源：浙江省排污权交易网，http：//www.zjpwq.net/cms/。

多地探索排污权抵押贷款业务。排污权抵押贷款是排污权交易充分市场化的表现。排污权抵押贷款业务启动，将排污权从企业的成本负担转变为可流动资产，推动了排污权交易制度的发展，也为企业提供了新的融资渠道。排污权抵押贷款政策实施后，企业将排污指标视作生存红线，更加节约污染排放指标，也加快了环保先进技术的应用和推广，从经济角度确保了污染治理的主动性。2019 年 4 月，福建省三钢（集团）有限责任公司以企业自有可交易排污权（交易量：二氧化硫 600 t、氮氧化物 600 t）为抵押物，获得贷款 3 000 万元，该笔贷款是福建省首例企业自有可交易排污权抵押贷款业务[①]。湖南省浏阳市杨家纸业有限责任公司通过质押排污权证（39.95 t 化学需氧量、102 t 二氧化硫、4.27 t 氨氮、11 t 氮氧化物初始排污权），获得 135 万元贷款[②]，标志着排污权不再只是企业的成本负担，而变成一种可流动资产。排污权抵押贷款对于企业转型升级而言，无疑是"输血"之举，缓解了企业环保技术改革的成本压力。同时，对于探索排污权改革、健全生态保护市场体系是有益的尝试。

刷卡排污系统严控企业污染物排放。刷卡排污系统是在企业排污口安装一套排污总量控制设备，包含总量控制器、可远程控制电动阀门和电磁流量计，并借助在线监测系统，对企业的排污总量实施监控，当企业排污达到规定量时，刷卡排污系统就会发出预警。超出总量时，生态环境部门可以通过刷卡排污系统远程关闭阀门，来控制企业污染物排放总量。扬州市邗江区生态环境局创新搭建企业排污监管平台，引进了先进的"智慧环保"排污总量智能控制系统[③]。2019 年 3 月，浙江省瑞安市在 6 家企业开展的刷卡排污总

---

① 数据来源：三明市生态环境局官网，http://shb.sm.gov.cn/Article_Show.asp？ArticleID=10304。
② 数据来源：《长沙晚报》，https://www.icswb.com/newspaper_article-detail-1483055.html。
③ 数据来源：扬州市邗江区人民政府，http://www.hj.gov.cn/zghjz/zldhbsbwz/201905/601e5c039d764d6
d81d85c99852bf9ef.shtml。

量自动控制系统试点工作基本完成①。在设定企业 1 年的排污总量后，企业持 IC 卡刷卡排污，生态环境部门远程监管，如果发现企业超量排污，就会及时发出指令关闭闸阀，从而有效地实现对企业排污的总量控制。2019 年 11 月浙江省台州市开出全国首张罚单，一家印染企业因废气超总量排放按日计罚，罚金共计 50.4 万余元②。从试运行的效果来看，基本控制了企业的排污行为，迫使企业在生产工艺上自我改进，达到了总量控制的目的。

福建省排污权交易充分给予企业减排动力，利用多种形式助力生态文明建设。截至 2019 年 8 月 31 日，福建省已成功举办 39 场排污权交易，全省累计 542 家企业达成交易 1 361 笔，总成交额 3.18 亿元。其中，排污权二级市场交易笔数占 93%，政府帮助促成的交易不足 100 笔。利用市场杠杆，如今，越来越多的企业深刻感受到"排污要花钱，减排能挣钱"，逐渐从"要我减排"向"我要减排"转变。根据福建省相关政策，企业排污权还可作为抵押物进行贷款或租赁，但增加排污量的产业必须符合国家的产业政策，购买排污权的企业所在地区的排污总量不能超过当地的排放控制目标，企业购买的排污权不得突破当地的环境承载力。福建省在政策制定中，始终把激发市场活力、引导鼓励企业以在减排交易中获利作为重点，注重培育二级市场，突出市场调控作用。福建省排污权交易全部通过"互联网"完成操作，企业不需要现场竞价，直接通过网络竞价即可。交易场次从每月 1 场增加到 2 场。针对企业不同情况，福建省还制定了多种交易形式，如网络竞价、协议转让、储备出让、排污权租赁等，让企业能选择合适的方式参与交易。

5.3 碳排放权交易

碳排放权交易作为低碳经济的市场调节机制，在制度、技术规范上取

---

① 数据来源：http：//www.chinaleather.org/front/article/26221/44。
② 数据来源：台州市椒江区人民政府，http：//www.jj.gov.cn/art/2020/1/2/art_1311043_41422219.html。

得了一系列进展。碳排放权交易能够有效完善火电减排、新能源汽车、建筑节能、循环经济、环保设备和节能材料等低碳经济产业体系的建设，推进我国低碳经济发展战略的实现。2010 年，我国正式提出实行碳排放权交易制度；2011 年 11 月，国家发展改革委正式批准北京、天津、上海、重庆、湖北、广东、深圳"两省五市"开展碳排放权交易试点工作；2013 年 6 月，国内首个碳排放权交易平台在深圳启动，7 个试点地区在 2013 年、2014 年陆续开始交易，截至 2019 年 5 月底，全国碳市场试点配额累计成交 3.1 亿 t 二氧化碳，累计成交额约 68 亿元①。我国 7 个试点地区碳配额价格波动较大，且价格相对处于低位。在行业覆盖范围上，碳排放权交易试点省市在我国东部、中部、西部都有分布，各试点碳市场大部分都覆盖了电力、水泥、钢铁、化工等高排放重点行业。按照规划，2019—2020 年，将有 1 700 多家电力行业企业进入碳排放权交易市场，近 30 亿 t 碳排放权参与交易，我国或将超过欧盟成为全球最大的碳市场。体量巨大的碳市场蕴藏着广阔的碳金融发展空间。

5.3.1 碳排放权交易进入深化完善期

试点碳市场不断深化制度体系建设。北京、天津、上海、重庆、湖北、广东、深圳 7 个试点碳市场不断扩大覆盖范围，探索优化配额分配方法，提高碳排放监测、核算、报告编写和核查技术及数据质量管理等水平，加强履约管理，确保试点碳市场减排成效。2019 年 7 月，海南省地方金融监督管理局召开海南国际碳排放权交易场所设立方案论证会。会议提出紧紧围绕中央对海南碳排放权交易场所"国际化"的定位，探索引入境外投资者及国际碳市场互联互通交易新模式。同时对标国际标准，服务于省内森林绿碳和海洋蓝碳的开发和交易，为脱贫攻坚战探寻新途径，争取开展碳

---

① 数据来源：中国碳排放交易网，http://k.tanjiaoyi.com/。

排放权交易业务和特殊政策落地。2019 年 12 月，财政部发布《碳排放权交易有关会计处理暂行规定》（财会〔2019〕22 号），为配合碳排放权交易的开展、规范碳排放权交易相关的会计处理奠定了政策基础。

推进建立制度完善、交易活跃、监管严格、公开透明的全国碳市场。2018 年 4 月，按照党中央、国务院关于机构改革的决策部署，国务院碳交易主管部门及其主要支撑机构由国家发展改革委转隶至生态环境部，这是新形势下实现温室气体排放控制和大气污染治理统筹、协同、增效的重要举措，也为加快全国碳市场建设提供了有效的机制保障。一年多来，生态环境部从建立健全制度体系、建设基础支撑系统、开展能力建设等方面加快推进全国碳交易体系建设。2019 年 1 月，生态环境部印发《关于做好 2018 年度碳排放报告与核查及排放监测计划制定工作的通知》（环办气候函〔2019〕71 号），持续组织各省（区、市）开展重点排放单位碳排放数据监测、报告、核查工作，覆盖电力、建材、钢铁、有色金属、石化、化工、造纸、航空等行业。2019 年 5 月，生态环境部办公厅印发《关于做好全国碳排放权交易市场发电行业重点排放单位名单和相关材料报送工作的通知》（环办气候函〔2019〕528 号），组织各省级生态环境主管部门报送拟纳入全国碳市场的电力行业重点排放单位名单及其开户材料，为注册登记系统和交易系统开户、配额分配、碳市场测试运行和上线交易打下坚实基础。2019 年 11 月，《中国应对气候变化的政策与行动 2019 年度报告》发布会召开，生态环境部表示将加快出台重点排放单位的温室气体排放报告管理办法、核查管理办法、交易市场监督管理办法，开展非二氧化碳温室气体排放管理，强化温室气体排放数据管理，健全应对气候变化的法律法规，同时强化适应气候变化的工作。

《碳排放权交易管理暂行条例》征求意见稿发布。2019 年 4 月，生态环境部公布《碳排放权交易管理暂行条例》（征求意见稿），这是我国碳排放权交易管理的基础性文件，全国统一的碳排放市场建设进一步加快。

2019 年 8 月，生态环境部表示，下一步将重点推动出台《碳排放权交易管理暂行条例》（以下简称《暂行条例》），同时加快印发《全国碳排放权配额总量设定和配额分配方案》《发电行业配额分配技术指南》。《暂行条例》征求意见稿对包括重点排放单位、配额分配、监测报告核查等在内的碳排放权交易市场建设相关内容进行了全方位的规范，与 2014 年年底出台的《碳排放权交易管理暂行办法》相比更具有法律效力，同时在内容上也进行了创新。《暂行条例》征求意见稿共 27 条，而《碳排放权交易管理暂行办法》有 7 章 48 条。《暂行条例》强调国务院生态环境主管部门应当加强碳排放权交易风险管理，根据调节经济运行、稳定碳排放权交易市场需要，建立涨跌幅限制、风险警示、异常交易处理、违规违约处理、交易争议处理等管理制度，这补充了市场调节机制的内容。

5.3.2 试点碳排放权交易市场发展情况

（1）交易量和交易额

2019 年全年，我国试点碳市场累计交易量约 6 962 万 t 二氧化碳当量，累计交易额约 15.62 亿元人民币。分别比 2018 年同比增加了 11%、24%。2019 年度增长主要来源于广东碳市场交易量的突破，其交易量约占总交易量的 64.13%[①]。

各试点碳市场之间的交易量和交易额差距进一步拉大。广东碳市场交易量和交易额均居试点碳市场首位，2019 全年成交约 4 465.93 万 t 碳配额，是试点市场中唯一交易量破千万吨的碳市场。由于在交易量上的巨大领先优势，广东碳市场虽成交价格较低，但全年交易额仍居首位，约为 84 657.97 万元人民币，占总交易额的 54.20%。在总交易量排名上，深圳试点居第二位，2019 年总交易量达到 842.54 万 t 碳配额（12.11%）。湖北试点的总交

---

① 数据来源：北京碳交易网，http://beijing.tanjiaoyi.com/。

易量为 612.86 万 t 碳配额（8.80%），位居第三。在总交易额排名上，北京居第二位，2019 年总交易额为 25 553.08 万元（16.36%），湖北排在第三位，总交易额为 18 077.21 万元（11.57%）。重庆试点、天津试点的交易量和交易额较小。2019 年全年重庆共计成交约 5.12 万 t 碳配额，累计交易额约为 35.35 万元；天津碳市场 2019 年度累计交易量约为 62.05 万 t 碳配额，交易额共计约 868.52 万元（图 5-5、图 5-6）。

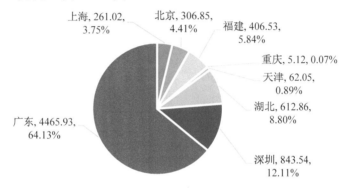

图 5-5　2019 年试点碳排放权总交易量比较

数据来源：北京碳交易网，http: //beijing.tanjiaoyi.com/。

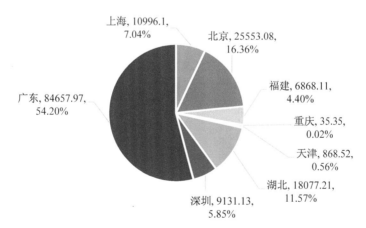

图 5-6　2019 年试点碳排放权总交易额比较

数据来源：北京碳交易网，http: //beijing.tanjiaoyi.com/。

各试点碳市场 2018—2019 年的总交易量和总交易额变化情况差异明显。在总交易量方面，广东、福建 2019 年总交易量较 2018 年分别上升了 55%、41%，但 2019 年广东碳排放权交易规模达到 4 465.93 万 t，是福建的 10 倍以上。其余一些试点 2019 年较 2018 年碳排放权总交易量呈现下降趋势，重庆下降了 81%，天津下降了 67%，深圳下降了 33%，湖北下降了 28%。北京、上海两年间的总交易量变化不明显。在总交易额方面，广东 2018—2019 年总交易额上升了 142%，达到 84 657.97 万元，北京、上海和福建 2018—2019 年总交易额分别上升 37%、15% 和 33%。深圳、天津和重庆 2018—2019 年总交易额显著下降，分别减少 69%、62% 和 70%，湖北这两年间的总交易额变化不明显（图 5-7、图 5-8）。

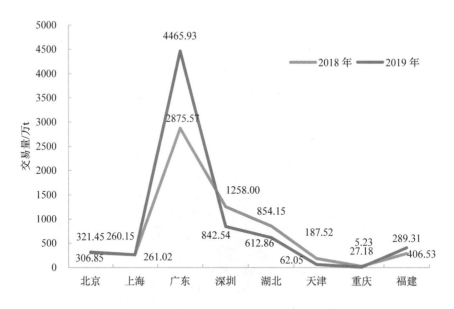

图 5-7　2018—2019 年试点碳市场交易量变化情况

数据来源：北京碳交易网，http://beijing.tanjiaoyi.com/。

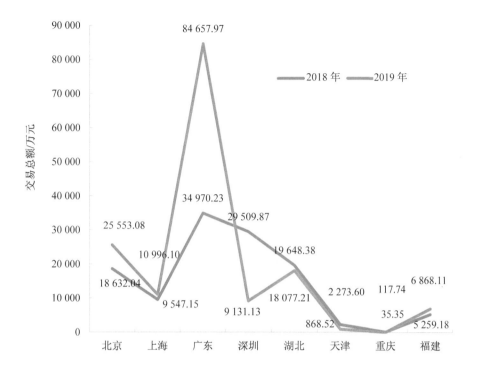

图 5-8 2018—2019 年试点碳市场交易额变化情况

数据来源：北京碳交易网，http://beijing.tanjiaoyi.com/。

（2）交易价格

碳排放交易价格的地域差异性明显。2013—2019 年各试点碳排放权交易的成交平均价格为 13.23 元/t，湖北、深圳、福建的交易价格高于全国平均水平，其余 5 个试点地区的交易价格均低于全国平均水平，其中最低的是上海，仅为 2.83 元/t。这种不同地区碳市场试点的交易均价呈现的巨大差异，主要是试点初期存在不稳定的市场因素，导致试点市场总交易量和总交易额波动剧烈（图 5-9）。

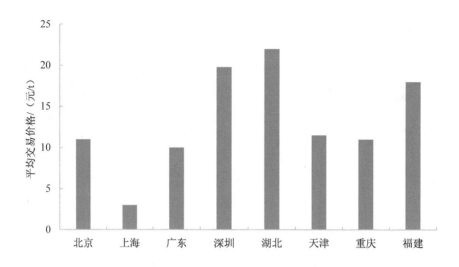

图 5-9　2013—2019 年碳排放权试点区域平均交易价格对比

数据来源：北京碳交易网，http：//beijing.tanjiaoyi.com/。

　　近两年试点碳市场交易均价上升，但交易价格的区域差异扩大，北京市、上海市的碳交易价格显著上升。2018 年碳市场试点的平均交易价格为 23.45 元/t，2019 年为 27.76 元/t，交易均价上升 4.31 元/t，各省、市的交易价格波动强烈。北京市、上海市的交易价格上升非常快，2019 年分别为 83.27 元/t、41.7 元/t，比当年所有区域平均价格高出 200%、50%。2019 年，超过平均价格的还有湖北省，2019 年交易均价为 29.5 元/t，出现较大价格增幅。天津市、重庆市两年间的交易均价有小幅上升，但均低于全国平均水平。深圳市 2018—2019 年交易价格明显下降，从 23.46 元/t 降至 10.84 元/t，并且低于全国平均水平。福建省成交价格也有小幅下降（图 5-10）。

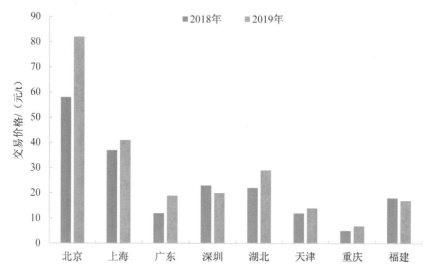

图 5-10　2018 年和 2019 年试点碳市场交易价格的变化

数据来源：北京碳交易网，http://beijing.tanjiaoyi.com/。

5.3.3　碳排放权交易试点成果显著

湖北省完成全国碳排放权交易注册登记系统研发。 2019 年 2 月，由湖北省承建的全国碳排放权交易注册登记系统研发成功，已基本具备上线运行条件，系统数据中心场地基本确定，将在武汉光谷和武昌建立两个数据中心，在北京建立 1 个数据灾备中心，以确保数据稳定与安全。下一步将启动注册登记与交易系统、数据报送系统、银行系统联网试运行。设在湖北省的全国碳排放权交易注册登记系统将承担全国碳排放权的确权登记、交易结算、分配履约等功能，成为全国碳资产的大数据中枢和全国碳市场体系的核心和基础。以湖北省碳市场试点为例，碳市场有利于形成节能降碳与经济高质量发展的协同效应，湖北省单位 GDP 碳排放下降幅度和经济增长速度在全国排位均持续上升。增强了控排企业的低碳意识和制度建设，

90%的控排企业建立了碳资产管理等职能部门，强化了碳排放管理，加大了节能降碳技术升级的力度。拓宽了控排企业低碳技术研发和项目融资渠道，控排企业通过把碳排放配额向银行做质押贷款，融资超过 1.5 亿元。在贫困地区发挥了绿色扶贫作用。红安县老区户用沼气项目群，通过中国核证减排量认证后，利用抵偿机制在碳市场进行交易，项目收益 1 300 万元，碳市场建设和发展取得了广泛的社会效益。

电力行业碳排放权交易市场建设工作进入实操阶段。电力行业在我国碳市场建设中最早启动，低碳发展可以促进电力结构、能源结构改变，能源效率提高和常规污染物控制。2019 年年初，中国电力企业联合会发布《中国电力行业碳排放权交易市场进展研究——中国电力减排研究 2018》。报告梳理了中国碳市场建设的相关政策、相关各方在推进碳市场建设方面采取的行动和取得的成果、电力行业碳市场建设面临的挑战及其对电力行业的潜在影响。2019 年 5 月，生态环境部应对气候变化司发布《关于做好全国碳排放权交易市场发电行业重点排放单位名单和相关材料报送工作的通知》（环办气候函〔2019〕528 号），组织开展了全国碳排放权交易市场发电行业重点排放单位名单和相关材料报送工作。2019 年 6 月，生态环境部与中国电力企业联合会共同成立"电力行业低碳发展研究中心"，落地江西省南昌市。该中心将开展一系列政策、技术、规范等研究工作，为电力行业碳交易工作提供技术支持，为政府部门、行业和企业参与全国碳排放权交易工作提供服务。

完成全国电力现货市场建设试点模拟试运行。2017 年 8 月，国家发展改革委、能源局印发的《关于开展电力现货市场建设试点工作的通知》（发改办能源〔2017〕1453 号），对于通知中所设立的南方（以广东起步）、蒙西、浙江、山西、山东、福建、四川、甘肃第一批 8 个电力现货市场建设试点，2019 年内均开展了结算试运行。针对试运行过程中出现的市场规则体系不健全、资金不平衡、信息披露不及时等问题，2019 年 7 月，国家发展改革委、国家能源局又联合印发了《关于深化电力现货市场建设试点工作的意见》（发改办能源规〔2019〕828 号），按照问题和目标导向，围绕电力现货市场建设试点工作中出现的问题给出政策意见。预计 2019 年全年市场化交易电量达到 2.3 万亿 kW·h，占全社会用电量的 32%，同比提高约 6%，为实体经济减少电费支出约 750 亿元[①]。市场化交易电量的扩大需要未来更加成熟的市场建设、丰富交易品种、完善交易服务。

积极促进温室气体自愿减排量（CCER）交易机制改革。 为贯彻国务院"放管服"改革精神，各试点碳市场都在推进温室气体自愿减排量（CCER）交易机制改革，让 CCER 积极参与试点碳市场履约抵消。截至 2019 年 8 月，各试点碳市场累计使用约 1 800 万 t 二氧化碳的 CCER 用于配额履约抵消，约占备案签发 CCER 总量的 22%[②]。2019 年 6 月，生态环境部发布的《大型活动碳中和实施指南（试行）》（生态环境部公告 2019 年第 19 号），规范了大型活动实施碳中和的基本原则、评价方式、相关要求和程序等，为促进 CCER 用于大型活动"碳中和"与生态扶贫奠定了基础。上海市促进 CCER 交易机制改革，积极参与试点碳市场履约抵消。上海碳排放交易市场自 2013 年 11 月 26 日运行以来，截至 2019 年上半年累计运行 1 297 个交易日，共吸引包括纳管企业和投资机构在内的近 700 家单位进行开户交易。现货市场上，二级市场所有品种累计交易量 1.2 亿 t，累计交易额 12.47 亿元。其中，配额累计交易量 3 566.37 万 t，交易额 7.05 亿元；CCER 累计交易量 8 466.82 万 t，累计交易额 5.41 亿元；二级市场总交易量在全国排名前列，CCER 交易量稳居全国第一。远期市场上，自上线以来共有 13 个月度协议上线交易（其中已交割协议 9 个），价格为 19～41 元，2020 年 2

---

① 数据来源：中国电力企业联合会，http://www.cec.org.cn/。
② 数据来源：中国碳排放交易网，http://www.tanpaifang.com/。

月协议结算价为 35.69 元/t。各协议累计交易量为 421.08 万 t，累计交易额 1.51 亿元。

广东省碳交易试点工作顺利推进，筹建以碳排放为首个品种的创新型期货交易所，积极开展碳期货相关研究。广东省碳排放权交易市场自 2013 年 12 月启动，至今已进入第七个履约期，市场排放配额总量超 4 亿 t，是总体规模排名全国第一、全球排名第三的区域性碳市场，仅次于欧盟和韩国碳市场。2019 年度，广东省碳交易量占全国碳市场总量的 64.13%，交易额占全国碳市场交易总额的 54.20%。广东省还着力推进国家低碳试点省（市）工作，广东省和广州市、深圳市、中山市分别是国家第一批、第二批、第三批的低碳试点省、市。在全国 7 个碳交易试点省、市中，广东省是首个实行配额免费发放和有偿发放相结合的碳交易试点地区，企业配额的 97% 通过免费发放形式获得，3% 需通过有偿竞价形式获得。目前有超过 80% 的控排企业已经自觉进行了节能降碳项目改造，约 60% 的控排企业实现了碳强度下降，企业节能降碳意识进一步提升。此外，广东省正在筹建以碳排放交易为首个品种的创新型期货交易所，积极开展碳期货相关研究。截至 2019 年 9 月，广州地区银行机构绿色贷款余额超 3 000 亿元，2017 年以来新增绿色股权融资额 4 210 亿元，广州碳交所碳配额现货交易量累计交易突破 1.33 亿 t。广州绿色金融改革创新试验区在建立健全绿色金融标准、促进绿色产业和企业融资、开展环境权益交易等方面形成一系列成果，深圳、江门、肇庆等城市陆续加入绿色金融创新进程。2019 年 3 月，广州恒运综合能源销售有限公司（以下简称恒运售电）与北京太铭公司签订了高达 7 000 多万元的碳排放配额交易合同，交易量为 365 万 t 碳排放权，恒运售电取得收益 2 115 万元，资产增值率达到 44%。

5.3.4 国内多地开发并实施多种形式的碳汇

国内多地创新性地开发并实施了多种形式的碳汇。碳汇可以帮助国家
减少节能减排的成本，通过投入碳汇的资金流向环保领域的方式，可以不
断地投资营造森林、新能源领域，开发更多的碳汇。碳汇融资本质上是一
种政策驱动型交易，其体系完善的过程将是一个长期伴随国家或区域碳定
价行动发展的缓慢过程。2018 年 12 月，国家发展改革委、财政部、自然
资源部等九部门联合印发《建立市场化、多元化生态保护补偿机制行动计
划》（发改西部〔2018〕1960 号），将林业碳汇优先纳入全国碳交易市场，
指出要建立健全以国家温室气体自愿减排交易机制为基础的碳排放权抵消
机制，将具有生态、社会等多种效益的林业温室气体自愿减排项目优先纳
入全国碳排放权交易市场，充分发挥碳市场在生态建设、修复和保护中的
补偿作用。引导碳排放权交易履约企业和对口帮扶单位优先购买贫困地区
林业碳汇项目产生的减排量。鼓励通过碳中和、碳普惠等形式支持林业碳
汇发展。

2015 年 7 月，广东省在全国率先实施碳普惠制度，河源、广州、中山、
东莞、惠州和韶关成为碳普惠制度首批试点城市。

2019 年 7 月，福建省智胜化工股份有限公司以 18 元/t 的价格，向顺昌
县国有林场购买 6.9 万 t 竹林碳汇，用于抵消经确认的减排量。这是国内首
个经省级生态环境主管部门审核备案进入碳市场并达成交易的竹林碳汇项目。

2019 年 10 月，四川林业碳汇国际研讨会举行。四川省着力优化发展
布局，加强基础研究和创新开发机制，着力完善支持政策，推动林草碳汇
高质量发展。

2019 年 12 月，山西省林业和草原局启动造林碳汇开发试点，今后将
通过碳汇交易提升林地附加值，助力全省生态持续改善。此次山西省启动

的是造林碳汇，对象是 2013 年以来的新造林。

5.4 水权交易

党的十八届三中全会提出，要紧紧围绕使市场在资源配置中起决定性作用，深化经济体制改革。水权交易制度的核心就是实现水资源使用权的转让，其目的是通过市场手段来高效配置水资源。

国家推动水权交易制度改革不断前行。2019 年 1 月，水利部、财政部、国家发展改革委、农业农村部联合印发《华北地区地下水超采综合治理行动方案》（水规计〔2019〕33 号）。2019 年 2 月，国家发展改革委等七部门联合印发《绿色产业指导目录（2019 年版）》，其中第 6 项"绿色服务"中的"水权交易服务"要求开展水权交易可行性分析服务、参考价格核定服务、方案设计服务、交易技术咨询服务、法律服务等。2019 年 3 月，水权交易服务纳入《绿色产业指导目录（2019 年版）》，为进一步厘清产业边界，将有限的政策和资金引导到对推动绿色发展最重要、最关键、最紧迫的产业上，有效服务于重大战略、重大工程、重大政策，为打赢污染防治攻坚战、建设美丽中国奠定坚实的产业基础。2019 年 4 月，国家发展改革委、水利部联合印发《国家节水行动方案》，推进水资源使用权确权，明确行政区域取用水权益，科学核定取用水户许可水量。探索流域内、地区间、行业间、用水户间等多种形式的水权交易。在满足自身用水量的情况下，对节约的水量进行有偿转让。建立农业水权制度。对用水总量达到或超过区域总量控制指标或江河水量分配指标的地区，可通过水权交易解决新增用水需求。加强水权交易监管，规范交易平台建设和运营。

5.4.1 全国水权交易工作逐步展开

全国水权交易规模逐渐扩大，水权交易改革试点相继启动。水利部从

2014 年 7 月开始，在宁夏、江西、湖北、内蒙古、河南、甘肃、广东 7 个省（区）启动水权交易改革试点，河北、新疆、山东、山西、陕西、浙江等省（区）开展省级水权交易改革探索，至今已经整整 5 年，试点地区采取取用水户直接交易、政府回购再次投放市场等方式，积极探索开展了跨区域、跨流域、跨行业的水权交易。例如，广东搭建地方水权交易平台，积极发挥平台在水权交易方面的作用；宁夏创新水权交易形式并将其纳入公共资源交易平台；河南建设农业水权交易项目；内蒙古首次利用市场机制开展再生水水权交易等。

2019 年我国水权交易情况见表 5-2。

表 5-2   2019 年我国水权交易情况

时间	交易笔数	成交水量/万 m³	成交金额/万元	区域水权交易数量/单	取水权交易数量/单	灌溉用水户水权交易数量/单
2019 年年初至 2019 年 7 月 31 日	60	519.68	57.36	0	1	59
2016 年 6 月 28 日至 2019 年 7 月 31 日	152	277 930	168 539	7	70	75

数据来源：中国水利网，http: //www.chinawater.com.cn/。

中国水权交易所发挥积极作用。作为首个国家级水权交易平台，中国水权交易所于 2016 年 6 月成立，这是水利部贯彻落实党中央、国务院关于水权水市场建设的重大决策部署，更是习近平总书记治水重要论述精神的具体实践。中国水权交易所经过 3 年多的运营，一是在运用市场机制、优化水资源配置方面发挥了示范引领作用，有力地促进了水市场的培育和发展；二是为实施国家节水行动、超采区地下水压采、农业水价综合改革、流域生态补偿等提供了新的手段；三是在严控用水总量的大前提下，通过

水权高效流转，盘活了区域水资源存量，有力支撑了社会经济发展。如内蒙古河套灌区农业与工业间交易水量 1.2 亿 m^3，不但为沿黄地区筹措了 30 亿元节水改造资金，而且解决了 50 多个工业项目的用水问题，为区域经济发展提供了水资源保障。

5.4.2 各省、市陆续试点推进水权交易改革

试点省、市积极探索水权确权改革。2019 年 1 月，安徽省水利厅印发的《安徽省水权确权登记试点工作方案》，确定六安市金安区为安徽省水权确权登记试点，通过试点明确取用水户水资源使用权的权利和责任，保障取用水户的合法权益，为进一步探索开展多种形式的水权交易流转奠定基础。2018 年 12 月，浙江省首批"水资源使用权证"在杭州市临安区颁发，首批水资源使用权证确定了权属人、用途、水资源使用权量等，为经营主体获得流转使用权提供了保障。2018 年 6 月启动水权确权工作的福泉市是贵州省 2018 年水权确权试点县（市）之一，马岩水库是福泉市水权交易的试点工程，并明确福泉市马岩水库管理所为水权交易的转让方，福泉市供排水总公司为水权交易的受让方。青海省也进行了水权确权改革，并取得了巨大进展。

地方积极建设水权交易平台。贵州省完成首单通过中国水权所平台成交的水权交易。2019 年 6 月，关岭县鸡窝田渠道管理所与贵州港安水泥有限公司签订取水权交易协议，通过中国水权交易所平台完成交易流程，这是贵州省在国家级水权交易平台成交的首单水权交易。关岭县鸡窝田渠道管理所与贵州港安水泥有限公司取水权交易的实施，是利用市场优化配置水资源的有益探索和生动实践，盘活了县域取用水存量，提高了水资源利用效率和效益，保障了灌区良性运行和经济社会发展用水需求，为全省其他地区推进水权交易改革提供了示范和借鉴。

湖南省首次通过中国水权交易所平台实现农业灌溉水权回购。2019年7月，长沙县桐仁桥灌区在中国水权交易所的指导下，通过中国水权交易所平台完成 2018 年度农业灌溉水权回购工作，这是湖南省首次通过国家水权交易平台进行农业灌溉水权回购，标志着水权交易试点工作进入实践阶段。根据《水权交易管理暂行办法》《关于水资源有偿使用制度改革的意见》等规定，桐仁桥灌区管理所作为回购主体，在中国水权交易所官网和桐仁桥灌区管理单位网站同步发布回购水权公告，灌区管理所代表在水权交易 App 平台上回购水权，农民用水户协会代表在平台上进行卖方应牌出让节余水权。桐仁桥灌区管理所本次交易公开面向灌区内 5 个镇14 个村农民用水户协会统一回购水权 429.82 万 m^3，回购水权用于保证长沙县农村安全饮水。

内蒙古首次运用市场机制开展再生水水权交易。2019 年 12 月，内蒙古水务投资集团与鄂尔多斯市杭锦旗政府在呼和浩特举行杭锦旗黄河南岸灌区排干再生水水权交易签约仪式。这是继内蒙古黄河干流跨盟市水权转让试点之后，内蒙古首次运用市场机制开展再生水水权交易的重要探索，也是内蒙古水权制度建设历程中又一次具有里程碑式意义的事件。2019 年，杭锦旗水利局积极探索、多方考察，提出了《杭锦旗优化配置水资源指导意见》《杭锦旗沿黄灌区水权交易实施细则》，由当地工业园区用水企业投资，将杭锦旗沿黄灌区排出的不合格水通过处理后进行再生利用，将处理生产的水转让给当地工业园区用水企业。委托内蒙古水权收储中心有限公司水权交易平台进行市场化运作，配置给鄂尔多斯市杭锦旗新杭能源有限公司等工业企业，以解决工业企业水资源需求问题，本次配置再生水指标300 m^3，并以此交易为试点，先期启动。本次再生水水权交易签约，标志着杭锦旗沿黄排干再生水水权指标交易正式步入轨道，也将为自治区排干再生水开发利用提供经验借鉴。

地方积极试点水权交易制度。2019 年 12 月，宁夏创新水权交易形式，将水权交易纳入公共资源交易平台。自治区水利厅与自治区公共资源交易管理局联合推进水权交易网上平台建设，共同印发《宁夏回族自治区水权交易流程指南（试行）》，这标志着宁夏水资源将作为公共资源实现统一管理、统一交易。宁夏水资源严重短缺，在用水总量的刚性约束下，推动地区间、行业间、用水户间开展多种形式的水权交易，盘活存量水资源，是破解宁夏水资源供需矛盾的必然选择。

河南省鄢陵县、郏县水权试点工作通过验收。验收组认为，鄢陵县、郏县在调查摸底的基础上，研究制定了一系列政策制度，对水权确权的主要类型、基本路径、水量核定等进行了积极探索，按期完成了水权试点方案确定的各项目标任务，为全省推广水权确权积累了成功经验，验收组专家一致同意通过试点验收。

地方试点完善水权交易规范制度。各试点省区及其下辖市县出台相应的水权交易管理实施细则，如 2019 年 11 月黑龙江省水利厅出台《黑龙江省水权交易管理实施细则（暂行）》。河南省水利厅 2019 年 8 月出台《河南省农业水权交易管理办法（试行）》。

5.5 用能权交易

建立用能权有偿使用和交易制度，是推动能源消耗总量和强度"双控"目标完成的重要力量。用能权，是指在能源消费总量和强度"双控"目标及煤炭消费总量控制目标下，用能单位经核定或交易取得、允许其使用的年度综合能源消费量的权利。用能权有偿使用和交易制度是推进供给侧结构性改革、落实绿色发展理念的一项重要改革探索，有利于充分发挥市场配置能源资源的决定性作用，倒逼用能单位节能改造、转型升级，有力推动地方提升能源利用效率、调整优化产业能源结构、加快生态文明建设，对发展绿色经济具有重要意义。2019 年 7 月，李克强总理主持召开国家应对气候变化及节能减排工作领导小组会议时强调加快建立用能权、排污权和碳排放权交易市场，构建节能减排的长效机制。国家发展改革委出台的《关于深化公共资源交易平台整合共享的指导意见》提出，要健全用能权出让或转让规则，通过引入招标投标、拍卖等竞争性方式，完善交易制度和价格形成机制，促进公共资源公平交易、高效利用。

用能权交易制度试点启动，创新有偿使用、预算管理、融资机制，培育和发展交易市场。自 2016 年 9 月国家发展改革委颁布《用能权有偿使用和交易制度试点方案》（发改环资〔2016〕1659 号），选择在浙江省、福建省、河南省、四川省开展用能权有偿使用和交易试点以来，2016 年进行试点顶层设计和准备工作，2017 年开始试点，2019 年正式启动，将于 2020 年开展试点效果评估以及确定下一步方向。在国家关于用能权交易探索政策的推动下，各试点地区相继建立规范化的用能权有偿使用和交易制度，江西、浙江、福建等省（区）都制定了适用于本地区产业、能耗和市场制度的用能权有偿使用和交易试点实施方案。

四川省正式启动用能权有偿使用和交易市场。开展用能权交易是运用市场化机制、加快能源转型升级步伐、提高能源利用效率的重要举措，这也是四川省推进高质量发展的内在需求。截至 2019 年 9 月，四川省用能权交易相关基础工作已完全就绪，交易市场正式启动。因为集中履约期未到（初定每年 8 月 31 日），所以估计交易主要集中在 2020 年上半年。起步阶段只涵盖钢铁、水泥和造纸三大产业、年用能量在 1 万 t 标准煤及以上的110 家企业，今后会逐步扩大范围。

河南省用能权有偿使用和交易市场启动。2019 年 12 月，河南省用能权有偿使用和交易市场启动仪式在郑州市举行，河南济源钢铁（集团）有限公司等 6 家重点用能单位分别通过用能权交易系统完成 3 笔用能权指标

线上交易，共计交易 2 650 t 标准煤，交易额 52.75 万元。河南省作为试点地区之一，稳妥、有序推进用能权制度体系建设，确立了"1+4+N"（1个《河南省用能权有偿使用和交易试点实施方案》；《河南省用能权有偿使用和交易管理暂行办法》《河南省重点用能单位用能权配额分配办法（试行）》《河南省能源消费报告审核和核查规范指南》和《河南省用能权注册登记和交易规则》4 项基础制度；重点用能单位能耗数据审核、初始配额分配、交易系统建设等 N 项重点工作）的制度体系框架，搭建全省用能权注册登记和交易平台。全省用能权有偿使用和交易试点工作突出制度设计，科学确定用能权试点范围，在 4 个有代表性的地区和重点行业企业先行先试，将有色金属、化工、钢铁、建材等重点行业年综合能耗 5 000 t标准煤以上的用能企业纳入试点范围。河南省发展改革委印发《河南省重点用能单位用能权配额分配办法（试行）》（豫发改环资〔2019〕310 号），旨在建立科学合理的用能权配额分配制度，保障用能权交易有序开展。2019 年 12 月，2019 年度河南省用能权有偿使用和交易第一批试点单位用能权初始配额预分配结果公示发布，涉及郑州市、平顶山市、鹤壁市、济源示范区 4 个试点地区的 95 家重点用能单位。

浙江省规范用能权有偿使用和交易管理，推动能源要素配置市场化改革。2019 年 9 月，浙江省发展改革委印发的《浙江省用能权有偿使用和交易管理暂行办法》（浙发改能源〔2019〕358 号），指出用能权有偿使用和交易包括增量交易、存量交易和租赁交易。初始阶段以增量交易为主，申购方交易量为单位工业增加值能耗高于"十三五"时期浙江省控制目标（0.6 t 标准煤/万元）的新增用能量（包括新建、改建、扩建），出让方交易量为一定比例（不超过 50%）区域年新增用能指标、规模以上企业通过淘汰落后产能和压减过剩产能腾出的用能空间、企业通过节能技术改造等方式产生的节能量。用能权交易主体为市、县级政府和有关企业。用能权交易标的为用能权指标，以吨标准煤（等价值）为单位。交易价格通过竞价、招拍挂等方式确定。

福建省规范用能权交易管理。 作为国家 4 个用能权有偿使用和交易试点地区之一，近年来福建省建立健全用能权市场制度体系，启动用能权交易市场，扩大试点范围，为用能权交易市场的大范围推广不断试水、总结经验。2019 年 9 月福建省人民政府出台了《福建省用能权交易管理暂行办法》（福建省人民政府令 第 212 号），明确了用能权交易的管理职责与分工、用能权交易覆盖范围、用能权指标总量、用能权指标的分配、第三方机构的管理、用能单位履约清缴等内容。用能权交易服务于能耗总量和强度"双控"工作，有助于充分发挥市场在资源配置中的决定性作用，促进"十三五"能源消耗总量和强度"双控"目标完成。

甘肃省、江西省积极探索建立用能权有偿使用和交易制度。 除浙江省、福建省、四川省和河南省 4 个试点地区之外，甘肃省也积极探索创新，在 2019 年举办了《甘肃省用能权有偿使用和交易实施方案》评审会，下一步将根据评审意见完善修改，报甘肃省政府印发后实施。江西省于 2018 年印发了《江西省用能权有偿使用和交易制度试点实施方案》（赣发改环资〔2018〕40 号），方案提出 2018 年搭建交易平台，启动市场交易；2019—2020 年，完善市场要素，扩大试点行业数量和区域范围，条件成熟后与其他试点地区对接。

5.6 典型案例

5.6.1 嘉兴市排污权交易

嘉兴市首创排污权有偿使用与交易制度。 2007 年嘉兴市成为主要污染物排污权交易的全国试点，成立全国首家排污权储备交易中心，并成功探

索了排污权租赁和刷卡排污等管理手段。截至 2019 年 3 月底，嘉兴市排污权有偿使用及交易累计金额达 20.06 亿元，约占浙江省总交易额的 22%，居全国试点地级市前列①。

嘉兴市率先开展排污权交易制度探索。2007 年 9 月，嘉兴市采用"总量控制下的排污交易"模式，出台了《嘉兴市主要污染物排污权交易办法（试行）》，在全国率先建立排污权交易制度，建立了国内首个专门从事主要污染物排污权交易的机构。嘉兴市先后出台了《嘉兴市深化环境资源要素市场化配置改革的若干意见》《嘉兴市环境资源要素指标量化管理办法》《关于加强建设项目总量准入和事中事后监管的实施意见》等制度文件，对试点工作进行进一步细化。其政策目的主要是以较低的社会总成本实现规定的总量控制目标，最终达到以市场方法配置总量指标资源的目的。嘉兴市发挥政府"有形之手"和市场"无形之手"的作用，环境资源实现政府主导的市场化配置。

排污权初始分配核定，摸清资源环境家底。2009 年，嘉兴市出台了有关现有污染源初始排放量核定规定，历时 1 年半，厘清了嘉兴全市环境资源的使用现状，确定了排污单位完整准确的排放清单。2010 年 5 月，嘉兴市政府印发了《嘉兴市主要污染物初始排污权有偿使用办法（试行）》，鼓励排污单位根据自己的意愿申购初始配置量。嘉兴市通过初始排污权资源的核定确定了每家排污单位承担的"十三五"时期减排责任，并允许总量削减少的排污单位向富余指标的排污单位购买排污权指标，促进削减成本低的排污单位多削减，环境资源配置得到优化。

排污权资产化，环境资源带来经济效益。2008 年，嘉兴市环境保护局、排污权储备交易中心与嘉兴银行签订三方合作协议，银行给已经发放"排污权证"的企业根据购买排污权的数量（价值）以 70%~80% 的

---

① 数据来源：http://zj.ifeng.com/a/20190417/7331202_0.shtml。

授信。当企业需要贷款时，可将"排污权证"作为抵押物申请贷款，若企业无法按时还贷，排污权储备交易中心可以直接按照预先签订的合同和授权委托书出售该企业的部分排污权，将出让所得为企业还贷，这样排污权就实现了资产化，银行利益也得到了较好的保障。2018 年南湖区一公司通过抵押化学需氧量和氨氮等的排放权获得了 702 万元的贷款，解决资金周转难题①。2018 年，嘉兴市创新推出排污权抵押贷款产品，有效缓解了中小企业资金短缺的压力，推进了排污权交易的深入开展。截至 2019 年 4 月，嘉兴市累计完成排污权抵押贷款 262 次，发放排污权贷款金额 20.82 亿元。

排污权交易电子竞价，强化市场在环境资源配置中的作用。2019 年年初，益美高空气冷却系统（嘉兴）有限公司通过排污权电子竞价的形式，顺利获得了化学需氧量、氨氮、二氧化硫和氮氧化物 4 项指标的排污权。排污权交易公开竞价是按照"政府联合监管、统一网络平台、标的公开交易、全程接受监督"的模式，制定排污权网络电子拍卖程序和要求，严格落实指标拆分、资格审查和信息公告等程序要求，由工商部门和生态环境部门实施全程监督管理。在排污权交易实行电子竞价前，若企业需要购买一定量的排污权指标，是以排污权基准价向政府储备库进行购买，而实行排污权电子竞价后，企业需要在"浙江省排污权竞价网"上进行竞价，根据竞价规则交易排污权指标。排污权交易电子竞价的实施，有效促进了环境资源流向低污染、低能耗、高附加值行业。

刷卡排污、平台管污、强化监管。2015 年，嘉兴市率先建立排污权有偿使用和交易基本账户管理系统，将全部交易企业纳入基本账户。在全面摸清企业污染物排放量、全市环境资源家底的同时，也为排污总量设置了一道"天花板"。同时，嘉兴市定期对基本账户进行更新，确保排污总量"天

---

① 数据来源：http://zj.ifeng.com/a/20190417/7331202_0.shtml。

花板"逐年降低。截至 2019 年 4 月，嘉兴市建成 9 个刷卡排污管理平台，312 家排污单位建设了刷卡排污系统，其中，废水刷卡排污系统 285 套、废气刷卡排污系统 45 套，建立了"一企一证一卡"的排污单位排污总量控制新模式。IC 卡按季充值和使用，超量短信预警。监理单位 24 h 监管嘉兴市刷卡排污管理平台，形成日报分发至排污单位运维人员，做到有故障当天处理。嘉兴市刷卡排污故障处理率和充值率均为 100%，数据传输有效率为 97.81%。

5.6.2 深圳市碳排放权交易

深圳市碳市场持续推进。截至 2019 年，深圳市碳排放权交易市场管控单位共计 766 家，涵盖电力、水务、燃气、制造业、公共交通等行业，配额规模约为 3 200 万 t。自 2013 年起，深圳市已经连续 6 年在法定期限内完成履约，履约率均维持在 98%以上。

健全的碳排放权交易法律制度体系保障碳市场交易的顺利推行。深圳市人大常委会于 2012 年 10 月 30 日通过了《深圳经济特区碳排放管理若干规定》（深圳市第五届人民代表大会常务委员会公告 第 107 号），该规定成为我国首部确立碳排放权交易制度的法规，同年被全球立法者联盟评为当年全球应对气候变化立法九大亮点之一。该法规于 2019 年 9 月被修订为《深圳经济特区碳排放管理若干规定（2019 修正）》（深圳市第六届人民代表大会常务委员会公告 第 161 号）。2014 年 3 月，深圳市政府通过《深圳市碳排放权交易管理暂行办法》，2015 年 6 月深圳排放权交易所公布了《深圳市碳排放权交易市场抵消信用管理规定（暂行）》，形成了法律层级较为完善的碳排放权交易法律制度体系，并成立了碳排放权交易执法机构，全力督促企业按时履约、严格执法。

深圳市助推全国碳市场建设实践。2016 年 3 月，在国家发展改革委的支持下，"全国碳市场能力建设中心"落户深圳市，截至 2019 年 6 月，以该中心为平台，为河南、云南、陕西、甘肃、广西、贵州、新疆、江西等 16 个非试点省级发展改革委、6 个非试点副省级城市发展改革委进行碳排放权交易能力建设培训，累计培训达 5 200 人次，全面推进全国碳市场能力建设。

双重总量控制机制限制碳排放量增长。在总量设置方法上，深圳市采取"自上而下"和"自下而上"相结合的方法，设定了可规则性调整的总量目标。"自上而下"是指根据深圳市"十三五"时期碳强度下降目标和经济增长率，并分解至全体管控单位，控制管控单位排放总量不得突破绝对总量上限，保证减排目标完成。"自下而上"是指结合单个管控单位的历史碳排放量、所在行业碳强度等确定管控单位目标碳强度，再依据深圳市经济增长情况得出管控单位预分配配额总量，该总量不可超过绝对总量目标。

实施可规则性调整配额机制。为了减轻经济波动导致的配额分配出现过多或过少的影响，深圳市实施了配额后期可规则的调整机制。具体操作方法为：主管部门根据管控单位上一年度的实际产量（单一产品部门）或者工业增加值（制造企业），确定管控单位上一年度的实际配额数量，然后对照管控单位上一年度预分配的配额数量，相应进行追加或者扣减。为了保证配额总量不因配额调整而超出，深圳市规定配额调整时追加配额的总数量不得超过当年扣减的配额总数量。

规范量化核查方式。在深圳市碳排放权交易市场启动之前，深圳市已经完成城市碳排放清单测算、确定管控企业碳排放总量，并分配了试点期间连续 3 年的配额。在碳排放权交易试点期间，管控企业必须首先量化并报告其年度二氧化碳排放量，然后由独立第三方核查机构对其排放报告进行核查。管控企业必须保证其碳强度不高于政府设定的碳强度目标。在 MRV（量化、报告和核查）规范和指南的制定方面，深圳市以《温室气

体 第一部分：组织层次上对温室气体排放和清除的量化与报告规范及指南》（ISO 14064-1：2006）和《温室气体议定书：企业核算与报告准则》为基础，结合本市实际情况，编制并以地方标准形式出台了《有组织的温室气体排放量化和报告规范及指南》和《有组织的温室气体排放核查指南》，规范了组织层面温室气体量化、报告和核查的原则与要求。针对建筑物，深圳市出台了《建筑物温室气体排放的量化和报告规范及指南》《建筑物温室气体排放的核查规范及指南》，对建筑物运行过程中温室气体排放的量化、报告和核查进行了规定。深圳市市场监督管理局负责制定工业行业温室气体排放量化、报告、核查标准，组织对纳入配额管理的工业行业碳排放单位的碳排放量进行核查，并对工业行业碳核查机构和核查人员进行监督管理。深圳市住房和建设局负责对建筑物碳核查机构和人员进行监督管理。2014 年 3 月，深圳市人民政府颁布《深圳市碳排放权交易管理暂行办法》（深圳市人民政府令 第 262 号），对碳排放配额管理、MRV 与履约、碳排放权登记等做了约束性规定，增强了深圳市碳排放权交易的规范性。

5.7 存在的问题与发展方向

5.7.1 存在的问题

（1）排污权有偿使用与交易

排污权有偿分配体现污染物排放总量控制制度不够完善。排污权交易的基础是实施污染物排放总量控制。一体化的排污交易政策体系应当以排污许可证为载体，以总量控制为约束，以排污交易为实施手段，以管制手段为保障，形成行政管制和经济刺激并存的政策体系。从目前的试点情况来看，大部分试点省份在政策设计中还缺乏明确的总量控制实施思路，对于试点范围内的污染物排放总量削减目标、初始分配的污染物排放总量指标、可交易的污染物排放总量等尚缺乏科学、系统的计量和评估，还未能将排污单位的排污权与区域的固定污染源排放红线结合考虑。

企业参与排污权交易积极性不足。 目前我国排污权交易刚刚起步，处于早期不成熟阶段，减排效率不如行政手段，大多数地方仍然选择行政手段作为污染物减排的主要方式。除山西、浙江等少部分试点地区企业与企业之间的交易相对活跃以外，其余试点地区的交易主要以排污权的初始有偿交易为主，指标来源多为政府预留或者回收、回购、关闭、停产企业的指标，由企业主动减排形成的指标与交易较少。即使企业间的交易，政府也往往行政干预较多，不能充分调动企业减排的积极性。行政手段扭曲了价格体系，不能由供需双方形成价格机制，不能充分体现环境资源的稀缺性和污染减排效益，不能充分激发企业减排的动力，长期看来，在效果上不如市场手段。

监测、监管等配套管理体系不完善。 排污权有偿使用和交易政策对污染源管理的能力建设要求较高，从监测、监管等方面来看，目前的污染源管理配套制度还不健全、保障能力不足，影响试点工作进一步开展。在监测方面，企业污染物排放量的准确和及时监测、计量是实施排污权交易制度的基础条件。但是目前污染源连续监测系统的安装及联网还未做到企业全覆盖，已安装在线监测系统的企业普遍存在流量测点安装位置不规范，运行稳定率、数据联网率与监管需求存在差距等问题。目前，在线监控、监督性监测以及企业自行开展的手工监测等侧重于浓度达标监测，缺少对污染物排放量的监测和统计。同时，监测设施运行情况良莠不齐，监测数据的真实性、准确性有待进一步提高。在监管执法方面，排污权交易对现场检查、违法处罚等环保监管的基础工作提出了更高要求。然而目前管理技术规范尚未建立，在线监测和刷卡排污数据的法律地位有待提升，无法

127

形成有效的监管，对拒不缴纳有偿使用费的企业也无合法、有力的强制措施，这些都导致试点地区普遍存在交易监管失效、执法困难等问题。

（2）碳排放权交易

信息共享渠道有待扩充。信息不对称是碳排放权交易面临的严峻挑战。由于信息不对称，买卖双方可能付出高额的成本搜寻信息。一方面，统计口径不一致，且无第三方监督，使得信息的真实性无法考证；另一方面，缺乏提供关键信息（如总配额、交易企业名单等）的官方公开平台。这些都会对碳排放交易体系的建立造成阻碍。因此，随着各地对绿色金融的关注度越来越高，建立有效规范的高质量信息平台以扩充信息共享渠道日益重要。

碳排放权交易市场形成的动力不足。根据碳排放权产生的机制可知，只有当国家碳排放总量确定，政府才能对其进行分配，超出分配的部分会在市场上购买配额，不足部分会售出，以此形成交易，进而建立碳排放权交易市场机制。政府的初始分配在交易中起到了关键作用，易受人为因素操纵，大大降低了企业交易的动力。尽管我国已启动了 7 个碳排放权交易试点工作，但是其流动性仍然很低。每年履约期前 1 个月交易量呈现爆发式增长状态，表现出市场的有效性明显不足。我国的排放主体参与碳交易更多的是被动履约而非主动投资，因而碳配额实际价值在企业评估中依然很低。如天津碳市场近年来极低的活跃度也揭示出碳排放权交易机制并未正常运行。

交易基础和监管机制薄弱。我国碳排放权交易市场仍处于起步阶段，相关的规范制度、核算体系、监管机构都尚未完善。由于缺乏权威的减排核证机构，尚未建立核算标准体系，交易市场的信息质量不高，交易成本增加，市场运营效率降低，企业也难以获得合理收益。核算标准与监测设施不够完善致使监管部门难以制定严格的检测标准，进而监测很难执行。同时，我国的减排技术相对落后，相关人才缺乏，我国在国际中的竞争力不足。

5.7.2 发展方向

（1）排污权有偿使用与交易

从国家层面出台统一排污权有偿使用和交易制度。结合试点工作经验以及排污许可、总量控制改革思路，研究和制定排污权有偿使用和交易制度实施方案。一是落实总量控制制度要求，依托排污许可证监管。排污权交易制度应衔接总量控制制度和控制污染物排放许可制度，以完成企事业单位总量控制制度要求和促进总量削减为核心开展的排污权交易，以排污许可证为载体进行初始排污权核定及监管。二是坚持企业的市场主体地位。排污单位作为市场主体应按照市场规律自愿参与排污权交易，政府以鼓励企业间的二级市场交易为主，负责制定政策、核定和分配排污权、搭建平台、开展监测、统筹监管、配套建立排污权回购制度。三是坚持公平、公正、公开的原则。按照排污许可制中许可排放限值的核定技术规范确定初始排污权，同一区域、同一行业的排污权应基于统一的排放标准、控制要求，采用同一技术方法进行核定。地方生态环境主管部门应当及时公开排污权核定、交易信息以及当地环境质量状况、污染物总量控制要求等，接受社会监督。

规范开展初始排污权核定及监管工作。借助正在开展的排污许可制度改革工作，完善试点地区的初始排污权核定工作。一是已经完成排污权核定的地区，与当前开展的排污许可证制度加强衔接，初始排污权核定标准过于宽松的试点地区，应当按照许可排放量的核定方法进行规范。二是未完成初始排污权核定的排污单位，可以将排污许可证载明的许可排放量作为核定基础，加快开展相关工作，为开展试点工作奠定坚实的基础。三是生态环境部强化对试点地区的工作指导，尽快出台排污权核定等技术规程，有利于地方的实际操作。通过排污许可制实施，建立企业自行监测体系和

129

质量控制体系，规范统一执法监管，实现对重点污染源和重要污染物排放浓度和排放量的精细化管理，为排污权交易、环境保护税等制度有效落实提供依据和前提。

积极推进二级交易市场。对现有污染源不再实行排污权有偿使用，新增污染源通过排污权交易市场有偿获取初始排污权。对已经开展的省份，到期后不再征收排污费，暂时维持原状；对还未开展的省份，不再实行排污权有偿使用。二级市场是实现企业排污指标优化配置的关键环节。目前各试点地区进行交易的案例严格意义上大部分属于一级市场，未建立真正活跃的二级市场。下一步的试点工作重点应当在实施新增污染源市场交易获取排污权的基础上，进一步深入推进二级交易市场机制的建立。试点地区应当依据当地环境质量改善目标制定重点污染行业排放总量削减目标及目标完成时限，并据此对企业提出明确的排污权削减目标和时间要求。满足许可排放量限值但目标完成时限内尚未达到排污权削减目标的现有排污单位，也可通过交易市场购买排放量指标，从而有效激活二级交易市场。

提高管理信息化水平，强化环境监测与执法。一是对接公共资源交易平台，搭建全国排污权交易管理信息平台，并在平台上及时公开排污权交易信息。二是深入开展环境监测体制改革，完善企业污染物排放监测报告制度，重点企业实行在线自动监测。三是深入开展环境执法体制改革，加快完成省以下环境执法垂直管理，统一执法标准，提高环境执法的频次和力度，加强污染源监督性监测，加大对排污单位环境监测数据作假的打击力度。四是加大环境违法行为的处罚力度，落实环境损害赔偿等要求，大幅增加企业违法成本，让企业不敢违法排污，形成对排污权交易的刚性需求。

（2）碳排放权交易

保证配额的稀缺性。碳市场的源头是配额。从国内外已有的碳市场运行情况来看，过松的配额造成碳价持续低迷；过紧的配额必然会提高参与碳市场企业的成本，也会使这些成本最终传导到全社会，影响经济的平稳健康发展。但配额的稀缺性影响着碳价格和市场流动性，而碳价格和市场流动性是引导企业节能减排决策和投资行为的重要信号，碳市场是实现以最低成本减排的重要途径。因此，碳市场总量设定要与国家减排政策、发电企业经营现状和科技水平以及电力绿色发展进程相适应，保证配额的稀缺性。

搭建统一有效的碳交易平台。在市场设计上，需要支持碳排放权市场的多样化发展，如果要使得碳交易更加有效和可持续，在条件成熟的情况下，还可以探索开发碳授信、碳托管、碳基金以及碳保险等多样化的碳金融创新产品。在政府层面，应尽快健全碳交易法律体系，统一碳排放标准。同时，要侧重完善市场交易层面的相关规则，如信息披露规则、配额抵消规则等。在企业层面，培养碳交易专业相关人员、组织碳交易培训、掌握碳交易相关知识是企业积极面对全国碳市场的良方。学术界则需要加强对我国碳交易机制的研究，掌握碳交易不同机制对碳价的影响及其影响机理，帮助政府更加顺利地搭建碳交易信息平台，提高政府对碳市场的预测和调控能力。

理顺碳价机制、促进碳市场健康发展。一是我国要积极探索碳价机制和碳市场的国际合作，在国际社会发挥积极的引领性作用。引导国际"行业减排"的碳价机制建设（如国际航空、航海领域的减排）；探索区域性碳市场的合作与连接（如中、日、韩合作，中国与美国加利福尼亚州碳市场的合作）；加强对未来全球碳价机制、碳市场发展趋势和管理机制的研究，并发挥积极引领作用。二是企业要顺应全球低碳和碳价机制的发展趋势，借助国内碳市场发展的机遇，打造自身低碳竞争力。全球低碳化趋势将引发经济社会发展方式变革，改变世界范围内经济、贸易、技术的竞争格局；全球性绿色金融的发展导向，将促进产业的低碳转型和企业的技术

升级，G20（二十国集团）倡导绿色金融，高碳行业和技术面临融资困难，同时国家财税金融政策的绿色低碳导向，为企业低碳转型提供发展机遇；企业要在碳市场的推动下，自觉推进转型升级，打造低碳发展核心竞争力。

加强制度创新。目前来看，全国碳市场将采取中央和地方两级管理制度，国家有关部门定标准、定总量，企业配额分配由地方政府执行。但无论是总量额定还是配额分解，既要注重数据基础和质量，也要充分考虑地区与行业差异、企业竞争地位和风险承接能力等因素，还要关注宏观经济环境的影响，尽可能提高配额分配的精准度。为防止配额分配不公以及不正当交易，可建立企业申诉渠道与结果公示制度，确保碳市场的阳光化运行。碳配额权尽管是企业所有，但交易主体与交易行为却不仅限于企业本身。为了充分发挥市场对资源的配置作用，盘活企业碳资产和提升碳资产使用效率，碳市场应当尽可能多地吸收社会资金入市。为此，有必要适度降低投资主体入市门槛。此外，为了提升交易效率和降低交易成本，财税政策方面可以考虑减免流转税等中间税费。

6

绿色税收政策

为进一步促进经济高质量发展，国家陆续出台了一系列绿色税收优惠政策，当前我国已构建以环境保护税为主体，以资源税为重点，由企业所得税、进出口税、增值税、车船税、车辆购置税、消费税等税种组成的绿色税收政策。绿色税收政策在减少污染排放、促进结构调整等方面发挥了积极作用。

6.1 环境保护税

6.1.1 环境保护税进展

积极推进环境保护税征管。《中华人民共和国环境保护税法》（以下简称《环境保护税法》）于 2018 年 1 月 1 日起正式实施，对大气污染物、水污染物、固体废物和噪声四大类污染物、共计 117 种主要污染因子进行征税。2019 年第一季度实际缴税额为 54.1 亿元，纳税人申报的二氧化硫、氮氧化物两项纳入"十二五"总量控制的主要大气污染物排放量较上年同期分别下降 13%、7%，反映到空气质量状况上，全国 337 个地级及以上城市

133

2019 年第一季度的平均优良天数比例达到了 76.9%。2019 年上半年，全国 31.8 万户纳税人申报环境保护税 158 亿元，扣除减免税额 44.6 亿元，实际缴税 113.0 亿元，较 2018 年同比增长 17.3%。2019 年全年环境保护税收入 221 亿元，同比增长 46.1%[①]，2019 年各季度环境保护税征收额见图 6-1。从 2019 年环境保护税征收情况来看，排污单位纳税遵从度逐步提高，环境保护税纳税人户数和收入均呈逐渐递增趋势。

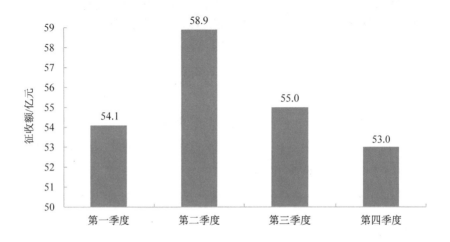

图 6-1　2019 年各季度环境保护税征收额

6.1.2　环境保护税实施效应

环境保护税减税措施促使企业节能减排。《环境保护税法》第十三条对纳税人排放污染物低于国家和地方标准的予以减税处理。低于国家和地方标准 30% 的，减按 75% 征收环境保护税；低于国家和地方标准 50% 的，减按 50% 征收环境保护税。这一规定使经济效益最大化发挥着重要作用，这样的正向激励政策很好地实现了企业节约成本与保护环境的平衡。环境保

———————————————
① 数据来源：中华人民共和国财政部，http://gks.mof.gov.cn/tongjishuju/202002/t20200210_3467695.htm。

护税确立了多排多征、少排少征、不排不征和高危多征、低危少征的正向减排激励机制，有利于引导企业加大节能减排力度，一方面，环境保护税针对同一危害程度的污染因子按照排放量征税，排放越多，征税越多；另一方面，环境保护税针对不同危害程度的污染因子设置差别化的污染当量值，实现对高危害污染因子多征税。开征环境保护税后，企业自觉采取使用清洁能源、节约能源等方式减少污染物的排放，实施资源循环利用，将污染物排放量降至最少，以实现污染的减量化。同时促使企业为了减税而更新生产技术，使用更为清洁的能源来投入生产。玖龙纸业（重庆）有限公司是江津区珞璜镇一家大型造纸企业。环境保护税开征以来，该企业对生产工艺进行了环保改造，先后增加固定资产投入超过 5 亿元，使平均生产每吨纸的耗水量下降了 16%，污水循环再利用率达到了 60%，主要应税污染物氮氧化物、二氧化硫、悬浮物的排放浓度较改造之前分别下降了 10.96%、40.07%、19.67%，均低于国家和地方规定的排放标准 30% 以上，符合环境保护税减免的相关规定，2018 年，该企业顺利享受到相应的税款减免。

开征环境保护税，鼓励企业发展绿色经济。《环境保护税法》正式实施两年以来，上海市已有 400 余家企业受惠，减免税收超过 1 亿元。《环境保护税法》规定："依法设立的城乡污水集中处理、生活垃圾集中处理场所排放相应应税污染物，不超过国家和地方规定的排放标准的，暂予免征环境保护税。"近两年，上海市投入大量的人力、物力和财力，对设备系统进行了多项技术升级和改造。数据显示，两年来，承担上海全市城乡污水集中处理、生活垃圾集中处理的 40 余家企业累计享受减免税款约 6.5 亿元。环境保护税实施的两年间，上海市环境保护税征收模式经过了多部门的探索协调，从单一监督管理变为综合协调。按照《环境保护税法》及其实施条例有关要求，上海市财政、税务、环保等部门在应税污染物适用问题、税收减免适用问题、应税污染物排放量的监测计算问题上，积极进行征管协

作配合。

开征环境保护税，激励企业转型升级。环境保护税自身具有一定的导向功能，不仅能激励企业创新，还能提高企业的竞争力和影响力。安徽黄山神剑新材料有限公司为了降低税负、增加盈利而努力研发新技术、优化产品结构，并对生产设备及时进行了技术改造，2019 年上半年缴纳的环境保护税比 2018 年下半年少了 400 余万元，但产能却同比提升了 50%。2019 年第一季度，全国 3 000 余家城乡污水处理厂通过加强管理或提标改造，实现了达标排放，享受免税红利 11.3 亿元；3.3 万户纳税人通过补齐环保设施短板、更新生产工艺，享受税收优惠 9 亿元，为提升企业自身竞争力、实现可持续发展增添动力。这些都会把创新、技术、环保等因素调动起来，减少税负在一定程度上降低了产品的生产成本，同时增强了企业的社会责任感，提高了企业的社会影响力。

6.2 其他环境相关税收

6.2.1 资源税

自 2016 年 7 月 1 日我国全面实行资源税改革以来，全面推广矿产资源税从价计征方式，清理规范涉及矿产资源的收费基金，并率先在河北省开展水资源税改革试点工作，改革正向调节效应凸显。截至 2017 年 6 月底，全国共为符合条件的企业减免资源税近 42 亿元，推动资源行业健康发展。自 2017 年 12 月 1 日起，将水资源税改革试点范围扩大到北京、天津等 9 个省份。《中华人民共和国资源税法》（以下简称《资源税法》），自 2020 年 9 月 1 日起实施。2019 年我国资源税收入 1 822 亿元，同比增长 11.8%①。实施《资源税法》是贯彻习近平生态文明思想、遵循税收法定原则、完善

---

① 数据来源：中华人民共和国财政部，http://gks.mof.gov.cn/tongjishuju/202002/t20200210_3467695.htm。

地方税体系的重要举措，是绿色税制建设的重要组成部分。相比《中华人民共和国资源税暂行条例》（以下简称《资源税暂行条例》），《资源税法》吸收了近年来税收征管与服务上的有效做法，践行了以纳税人为中心的服务理念，体现了深化"放管服"改革的要求，具体有以下三个新变化：

简并征收期限，减轻办税负担。《资源税暂行条例》规定的纳税人纳税期限是 1 日、3 日、5 日、10 日、15 日或者 1 个月，具体期限由主管税务机关根据实际情况核定，与大多数税种的申报期限不统一、不衔接。《资源税法》规定由纳税人选择按月或按季申报缴纳，并将申报期限由 10 日内改为 15 日内，与其他税种保持一致，这将明显降低纳税人的申报频次，切实减轻办税负担。

规范税目税率，简化纳税申报。《资源税法》以正列举的方式统一规范了税目，分类确定了税率，为简化纳税申报奠定了制度基础。税务部门将据此优化纳税申报表，提高征管信息化水平，为纳税人提供更加便捷高效的申报服务。

强化部门协同，维护纳税人权益。资源税征管工作具有很强的专业性和技术性，特别是对减免税情形的认定，需要有关部门的配合协助。例如，《资源税法》规定对衰竭期矿山开采的矿产品减征 30% 的资源税，授权各省对低品位矿减免资源税，落实该政策的前提条件就是衰竭期矿山和低品位矿的认定。新税法明确规定，税务机关与自然资源等相关部门应当建立工作配合机制。良好的部门协作，有利于减少征纳争议，维护纳税人的合法权益。

6.2.2 企业所得税

近年来，国家出台了一系列与战略性新兴产业发展契合度高的企业所得税优惠政策，大大降低了相关企业的实际所得税负担，企业所得税税率见表 6-1。2019 年全国企业所得税收入 3.73 万亿元，同比增长 5.6%。

表 6-1　企业所得税税率

税目	税率%
企业所得税税率	25
符合条件的小型微利企业（2019 年 1 月 1 日至 2021 年 12 月 31 日，对小型微利企业年应纳税所得额不超过 100 万元的部分，减按 25%计入应纳税所得额，按 20%的税率缴纳企业所得税；对年应纳税所得额超过 100 万元但不超过 300 万元的部分，减按 50%计入应纳税所得额）	20
国家需要重点扶持的高新技术企业	15
技术先进型服务企业（中国服务外包示范城市）	15
线宽小于 0.25 μm 或投资额超过 80 亿元的集成电路生产企业	15
西部地区鼓励类产业，从事污染防治的第三方企业（2019 年 1 月 1 日至 2021 年年底）	15
重点软件企业和集成电路设计企业的特定情形	10
非居民企业在中国境内未设立机构、场所的，或者虽设立机构、场所，但取得的所得与其所设机构、场所没有实际联系的，应当就其来源于中国境内的所得缴纳企业所得税	10

　　2019 年 3 月 20 日，李克强总理主持召开国务院常务会议。会议决定，2019 年 1 月 1 日至 2021 年年底，对从事污染防治的第三方企业（以下简称第三方治理企业）减按 15%的税率征收企业所得税。该政策是落实 2014 年国务院办公厅《关于推行环境污染第三方治理的意见》中"研究明确第三方治理税收优惠政策"，2018 年中共中央、国务院《关于全面加强生态环境保护 坚决打好污染防治攻坚战的意见》中"研究对从事污染防治的第三方企业比照高新技术企业实行所得税优惠政策"要求的具体体现，是进一步鼓励环境污染第三方治理行业发展的重要措施，进而有利于激励第三方治理企业加大在技术研发、创新方面的投入。目前国家已实施多项有利

于环保产业发展的税收优惠政策，但直接针对环保企业实行税收优惠的经济政策尚属首次。此次税收优惠政策的出台不仅着眼于促进第三方治理企业的发展，更是国家培育扶植环保产业的重要体现。

6.2.3　进出口税收

减轻环保企业进口大型设备税收负担。财政部、工业和信息化部、海关总署、国家税务总局、国家能源局五部门 2020 年 1 月印发的《重大技术装备进口税收政策管理办法》，旨在提高我国企业的核心竞争力及自主创新能力，促进装备制造业的发展，是贯彻落实国务院加快振兴装备制造业的有关进口税收优惠政策的具体举措。办法明确，将对符合规定条件的企业及核电项目业主为生产国家支持发展的重大技术装备或产品而确有必要进口的部分关键零部件及原材料，免征关税和进口环节增值税。

对国内已能生产的重大技术装备和产品，按由工业和信息化部会同财政部、海关总署、国家税务总局、国家能源局制定《进口不予免税的重大技术装备和产品目录》执行。对按照或比照《国务院关于调整进口设备税收政策的通知》（国发〔1997〕37 号）规定享受进口税收优惠政策的项目和企业，进口《进口不予免税的重大技术装备和产品目录》中自用设备以及按照合同随上述设备进口的技术及配套件、备件，照章征收进口税收。

6.2.4　增值税

增值税的税收优惠措施对节能环保企业具有较强的激励作用，引导企业利用清洁能源进行生产、高效利用资源、对污水处理达标后再排放。例如一些企业专门处理城市生活垃圾等固体废物，对这一类企业征收增值税时实行即征即退的政策；还有一些企业专门处理城市生活污水，对这类企业实行免征增值税的优惠政策。因此，从某种程度上说，征收增值税的目的就是鼓励社会公众合理利用资源、回收废旧物资以及推广环保产品，能积极促进环保产业和循环产业的发展，还可以调整环保产业的结构。2019 年全国增值税收入 62 346 亿元，同比增长 1.3%。

2018 年 11 月，财政部、国家发展改革委、工业和信息化部、海关总署、国家税务总局、国家能源局印发《关于调整重大技术装备进口税收政策有关目录的通知》（财关税〔2018〕42 号）、《国家支持发展的重大技术装备和产品目录（2018 年修订）》和《重大技术装备和产品进口关键零部件、原材料商品目录（2018 年修订）》，自 2019 年 1 月 1 日起执行，对符合规定条件的国内企业为生产本通知所列装备或产品而确有必要进口所列商品的，免征关税和进口环节增值税。《国家支持发展的重大技术装备和产品目录（2018 年修订）》中包括大型环保及资源综合利用设备共 9 项，其中新增大气污染治理设备 3 项、固体废物处理设备和资源综合利用设备各 1 项。

2019 年 1 月，财政部、国家税务总局发布《关于实施小微企业普惠性税收减免政策的通知》（财税〔2019〕13 号），为深入贯彻落实党中央、国务院减税降费的决策部署，充分认识小微企业普惠性税收减免的重要意义，对月销售额 10 万元以下（含本数）的增值税小规模纳税人免征增值税，通知的执行期限为 2019 年 1 月 1 日至 2021 年 12 月 31 日。财政部、国家税务总局发布的《关于延续小微企业增值税政策的通知》（财税〔2017〕76 号）、《关于进一步扩大小型微利企业所得税优惠政策范围的通知》（财税〔2018〕77 号）同时废止①。

6.2.5 交通类税收

鼓励使用新能源汽车。 车船税和车辆购置税的课税对象都是汽车所有人，车船税是地方税，每年计征，从 2012 年起按排量征收。车船税是在车

---

① 数据来源：国家税务总局，http://www.chinatax.gov.cn/n810341/n810755/c4014090/content.html。

船保有环节对汽车所有人征收的一个税种，表 6-2 按用途分类列举了部分车辆的征收税额。车辆购置税只在购车时一次性缴纳，按车款的 10%征收。2017 年 12 月，财政部、国家税务总局、工业和信息化部、科技部发布的《关于免征新能源汽车车辆购置税的公告》（财政部公告 2017 年第 172 号）指出，2018 年 1 月 1 日至 2020 年 12 月 31 日，对购置的新能源汽车免征车辆购置税。截至 2019 年 12 月底，工业和信息化部与国家税务总局已联合发布《享受车船税减免优惠的节约能源 使用新能源汽车车型目录》10批、《免征车辆购置税的新能源汽车车型目录》27 批。2019 年 7 月 1 日起正式实施的《中华人民共和国车辆购置税法》，将城市公交企业购置的公共汽电车辆免征车辆购置税政策写入法条，充分体现了国家对公共交通发展和民生的高度重视。

表 6-2　车船税税目税额

税目（子税目）		计税单位	年基准税额/元	备注
乘用车 ［按发动机汽缸容量（排气量）分档］	1.0 L（含）以下的	每辆	60～360	核定载客人数 9 人（含）以下
	1.0 L 以上至 1.6 L（含）的		300～540	
	1.6 L 以上至 2.0 L（含）的		360～660	
	2.0 L 以上至 2.5 L（含）的		660～1 200	
	2.5 L 以上至 3.0 L（含）的		1 200～2 400	
	3.0 L 以上至 4.0 L（含）的		2 400～3 600	
	4.0 L 以上的		3 600～5 400	
商用车	客车	每辆	480～1 440	核定载客人数 9 人以上，包括电车
	货车	整备质量每吨	16～120	包括半挂牵引车、三轮汽车和低速载货汽车等

6.3 存在的问题与发展方向

6.3.1 存在的问题

我国环境税收政策体系仍处于发展完善阶段，与环境相关的各税种之间的联系较弱，政策缺乏协调配合，税制体系中缺乏保持税收中性的相关措施，如配套税收返还、所得税改革等。此外，近年来我国污染治理及环境保护的财政支出数额偏低，尽管近几年政府环境污染治理投资额及环保研发补贴显著增加，但仍然不足以应对日益严峻的环境形势，环境税收收入需更加合理地运用，确立科学的环境支出结构。

《环境保护税法》实施之后，在制度层面、征管层面都显现出诸多问题。主要体现在：污染因子与排放当量有陈旧、过时之处，有待进一步优化、完善；VOCs 未整体纳入征税范围，弱化了经济调节手段；征管复杂，税基难以准确掌握，征管程序细节有待进一步明确和规范。

消费税调节作用有待进一步发挥。消费税设立之初并非直接为了环境目的，但从实际结果来看，近几年消费税改革中，保护环境以及公众健康的立法宗旨逐步得到体现，也得到公众的认可，但发挥消费税调节作用的空间仍然很大。从消费税占税收总额和 GDP 的比例来看，我国目前水平远低于发达国家；此外，目前仍有不少高污染、高能耗的产品尚未纳入征税范围。

6.3.2 发展方向

推进环境保护税改革。一是进一步优化和完善污染因子与当量值。当前《环境保护税法》所附《应税污染物和当量值表》沿用了排污收费制度的污染物及当量值，这些污染物和当量值制定于 20 世纪 90 年代中期，20

多年来企业污染物排放和监测、治理情况都发生了变化，建议对污染当量值进行修订，同时研究将对环境和人体危害较大的污染物 VOCs 以及造成气候变化的 CO_2 纳入征税范围。二是推动地方税额标准的制定与环境质量达标相衔接。科学研究和调整环境保护税税率，增加企业环境创新动力，使税率朝与环境质量呈负相关、与经济发展呈正相关的方向靠拢。三是完善征收管理流程和办法。加快完善涉税信息共享平台建设，完善信息互通共享；明晰环境保护税复核办法，明确复核规范、工作流程及文书格式等具体操作细项；结合排污许可制及第二次全国污染源普查结果完善排污系数和物料衡算方法。

规范和完善资源税体系。一是加快扩大资源税征收范围。尽快扩围到森林、海洋、草地、滩涂等生态价值和经济价值越来越明显的自然资源，基于资源稀缺程度和不可再生特征确定税额水平，适度提高原油、天然气和煤炭等资源的资源税税率，促进建立体现生态环境价值及资源稀缺性的税收制度。二是规范资源租、资源税、资源费分配关系。综合借鉴参照矿产资源和城镇土地资源的成熟经验，进一步理顺扩围后资源税费体系中的资源租、资源税、资源费关系和合理负担水平，积极发挥市场的引导与调节功能，做好资源税与其他相关税种税负的衔接，统筹资源品所涉及的消费税和增值税的税负，形成税收政策合力。三是加快完善推进水资源税改革。加快把试点地区经验推广至全国，按照从量计征和从价计征相结合的计量方式，鼓励推广安装用水、取水在线计量设施。加大水资源计量基础设施的投入，通过财政补贴、税收减免、投资退税等多种形式引导纳税人主动安装设施。将水资源税收优惠推广普及到绿色环保企业，主动采用节水环保新技术、新产品的企业等，根据不同的水耗设置相应的税收扣除。

扩大消费税绿色化覆盖范围。研究将国家已明令禁止的消费品以及在使用过程中产生严重环境污染的产品纳入征税范围，如白炽灯、一次性塑

料包装袋、一次性饭盒等，这些产品在征管技术和实施效力方面具有可行性。将消费税绿色税目征税方式由价内税改为价外税。明确告知消费者购买污染生态环境的商品时要承担的具体消费税额，剔除隐蔽性，增强消费税对消费者绿色消费的引导作用。例如，在商品标价时将商品与服务的价格和税额分开标记，直观地反映消费者需要承担的税金。

加大税收绿色优惠力度。加强推动环保设施改造与更新的税收优惠政策制定。对企业购置并实际使用的环保专用设备，研究推行加速折旧政策，对污染防治的设备和设施、特定基础材料、废弃物再生处理设备等，允许加速折旧。企业利用税后利润再投资于环保专用设备的，应给予一定比例的退税支持。企业所得税方面，应培育第三方治理新模式，鼓励第三方研发和推广环境污染治理新技术、新工艺，并给予更加优惠的税收政策。

7

绿色金融政策

为进一步推动绿色产业发展，营造良好的投资运营环境，增强社会资本参与积极性，我国从宏观政策支持与地方创新试验、智库建设等方面积极推进，绿色金融政策体系不断完善，绿色金融标准体系建设取得突破，绿色金融产品不断创新、越发丰富，绿色金融环境稳步向好。

7.1 宏观政策支持绿色金融发展

绿色金融标准建设取得重大突破。 2019 年 3 月，国家发展改革委等七部门联合出台《绿色产业指导目录（2019 年版）》，这是我国建设绿色金融标准工作的重大突破，也是我国目前关于界定绿色产业和绿色项目最全面、最详细的指引，有利于进一步厘清产业边界，将有限的政策和资金引导到对推动绿色发展最重要、最关键、最紧迫的产业上，有效服务于重大战略、重大工程、重大政策，为打赢污染防治攻坚战、建设美丽中国奠定坚实的产业基础。目录属于绿色金融标准体系中"绿色金融通用标准"范畴，有了绿色产业指导目录这一通用标准，绿色信贷标准、绿色债券标准、绿色企业标准以及地方绿色金融标准等其他标准就有了一个统一的基础和参考，有助于金融产品服务标准的全面制定、更新和修订。绿色金融各项标准的不断出台与落地，将有效促进和规范我国绿色金融健康、快速发展，我国绿色金融将迎来标准的逐步统一。

7.2 绿色金融改革创新试验区工作深入推进

绿色金融改革创新试验区工作深入推进。各试验区积极开展绿色信贷、绿色保险、绿色证券、绿色债券、绿色基金等相关金融产品创新，陆续推出了环境权益抵（质）押融资、绿色市政债券等多项创新型绿色金融产品和工具，不断拓宽绿色项目的融资渠道。2019 年 6 月，江西省赣江新区成功发行 3 亿元绿色市政专项债券，期限 30 年，为全国首单绿色市政专项债。9 月 18 日，赣江新区发布"拉手理财"和"绿色家园贷"两款针对垃圾分类的专属金融产品，助力提高个人和企业参与垃圾分类的积极性。浙江省衢州市探索创新出"一村万树"绿色期权，由投资主体对"一村万树"进行天使投资，向村集体出资认购资产包，并享受约定时限期满后的资产处置权。截至 2019 年年底，累计发卡 88 张，授信 430 万元，帮助 155 家企业认购绿色期权资产包 206 个，共认购资金 8 150 万元。浙江省湖州市推出"绿色信用贷"和"绿色小额贷款保证保险"（简称"绿贷险"）两款绿色金融产品；此外，湖州绿色金融发展指数正式发布，这是首个由试验区发布的区域性绿色金融发展指数。广州市花都区创新碳排放权抵（质）押融资等产品，带动企业自觉实现节能减排与绿色转型发展。

推动建设绿色金融智库。2019 年 5 月，浙江省湖州市成立南太湖绿色金融与发展研究院，这是试验区成立的首个绿色金融与发展研究机构，也是湖州绿色金融改革创新专家咨询委实体化运作的有益尝试。8 月 20 日，新疆首家绿色金融与科技创新管理中心成立。11 月 23 日，赣江绿色金融研究院成立，这是江西省首个绿色金融研究院。

7.3 绿色金融产品持续增加

绿色信贷发展取得积极进展。截至 2019 年年底，我国本外币绿色贷款余额 10.22 万亿元，贷款余额比年初增长 15.4%，贷款余额占同期企事业单位贷款余额的 10.4%[①]。根据中国银行保险监督管理委员会数据，我国 21 家主要银行机构[②]2013 年 6 月末绿色信贷贷款余额为 4.85 万亿元，到 2019 年 6 月末突破 10 万亿元（10.6 万亿元），年增长率基本保持在 10% 以上，占 21 家主要银行各项贷款比重的 9.6%（图 7-1）。绿色交通运输项目、可再生能源及清洁能源项目的贷款余额及增幅规模逐年提高（图 7-2）。

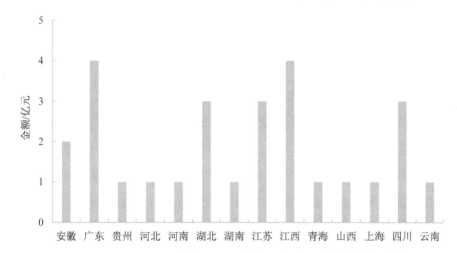

图 7-1　2013—2019 年我国 21 家主要银行绿色信贷余额情况

数据来源：中国银行保险监督管理委员会官网。

[①] 中国人民银行发布的《2019 年金融贷款投向报告》中，我国金融机构投向的绿色信贷数据来源不仅是 21 家主要银行的数据。
[②] 21 家主要银行机构包括国家开发银行、中国进出口银行、中国农业发展银行、中国工商银行、中国农业银行、中国银行、中国建设银行、交通银行、中信银行、中国光大银行、华夏银行、广东发展银行、平安银行、招商银行、浦发银行、兴业银行、民生银行、恒丰银行、浙商银行、渤海银行、中国邮政储蓄银行。

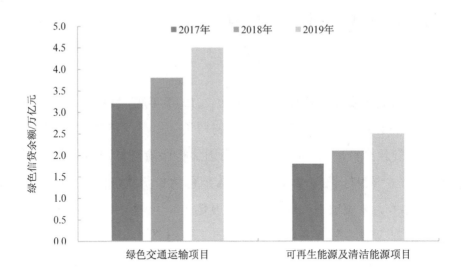

图 7-2　我国绿色信贷分用途主要项目情况

数据来源：中国人民银行官网。

绿色债券市场呈现井喷态势。2019 年我国境内外绿色债券发行规模合计 3 390.62 亿元人民币，发行数量 214 只，较 2018 年分别增长 26% 和 48%，约占同期全球绿色债券发行规模的 21.3%（图 7-3），继续位居全球绿色债券市场前列。从境内发行情况来看，2019 年共有 146 个主体累计发行贴标绿色债券 197 只，发行规模总计 2 822.93 亿元，同比增长 26%。其中包括普通绿色债券发行 165 只，规模 2 430.87 亿元，以及 32 只绿色资产支持证券，规模 392.06 亿元。

从境外发行情况来看，2019 年中国境内主体在境外累计发行 17 只绿色债券，规模约合 567.69 亿元人民币，同比增长 25%。从债券类型发行数量来看（图 7-4），全年绿色公司债券共发行 65 只，同比增长 97%，远远超过其他债券类别。

图 7-3　2016—2019 年我国境内外绿色债券发行情况

数据来源：新华财经中国金融信息网绿色债券数据库。

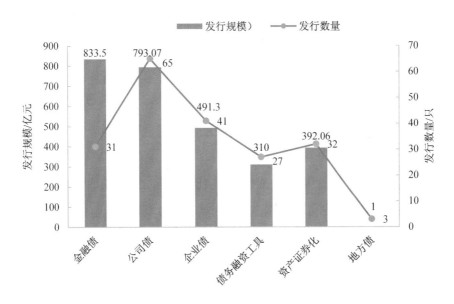

图 7-4　2019 年我国境内绿色债券券种情况

数据来源：新华财经中国金融信息网绿色债券数据库。

各地不断推出绿色保险创新产品及完善政策保障。截至 2019 年，广东省已上市巨灾指数保险、环境污染责任险、蔬菜降雨气象指数险、"绿色农保+"、绿色产品食安心责任保险、气象指数保险等 9 只绿色相关保险。2019 年 3 月，中国人保财险北京市分公司向北京永辉志信房地产开发有限公司颁发了全国首张绿色建筑性能责任保险保单，以北京市朝阳区崔各庄奶东村企业升级改造项目为试点，大力推进绿色建筑由绿色设计向绿色运行转化。2019 年 6 月，厦门市人民政府发布《关于在环境高风险领域推行环境污染强制责任保险制度的意见》，提出在重金属污染行业、危险废物污染行业、使用尾矿库且环境风险等级较大及以上的企业，以及其他环境高风险行业推行环境污染强制责任保险制度。2019 年 7 月，浙江宁波斯迈克制药、欧诺法化学等 6 家企业负责人分别与人保财险、第三方环保服务机构签署合作协议，标志着宁波市在全省首创的生态环境绿色保险项目①率先在北仑试行。2019 年 9 月，广西壮族自治区玉林市博白县（广西第一生猪大县）沼液粪肥收运还田服务第三方——广西益江环保科技股份有限公司与中国大地财产保险股份有限公司玉林中心分公司签订了一份保单，对承保区域博白县东平镇因规范施用沼液造成的作物烧苗、死苗损失提供赔付保障，这是全国第一张"沼液粪肥还田服务第三者责任险"保单，开创了利用保险工具助力粪污治理和资源化的先河。

绿色发展基金与绿色资产支持票据实践活跃。2019 年 11 月，河南省财政统筹整合资金，吸引地级市财政资金、社会资本参与，组建河南省绿色发展基金，基金总规模设立为 160 亿元，重点支持河南省内清洁能源、

---

① 宁波生态环境绿色保险采用"保障+服务+补偿"模式，是通过保险公司聘请第三方环保服务机构为企业提供专业服务，对存在的环境问题进行"问诊"和"会诊"。保险公司一方面对聘请的第三方环保服务机构进行监督，确保服务质量；另一方面为第三方环保服务机构的服务效果进行部分保证背书，其服务过失或服务缺失造成企业额外支出的由第三方机构核定的相关费用，保险公司按照保险协议约定进行补偿。同时，保险公司还对突发环境污染事故责任部分进行兜底保障。

生态环境保护和恢复治理、垃圾污水处理、土壤修复与治理、绿色林业等领域的项目。2019 年 11 月，长江绿色发展投资基金成立，总规模 1 000 亿元，重点投向长江经济带水污染治理、水生态修复、水资源保护、绿色环保及能源革命创新技术等领域。2019 年，我国共发行绿色资产支持证券（票据）33 只，发行总规模 394.275 7 亿元。其中，绿色资产支持证券发行数量为 24 只，发行规模为 264.546 9 亿元；绿色资产支持票据发行数量为 9 只，发行规模为 129.728 8 亿元。

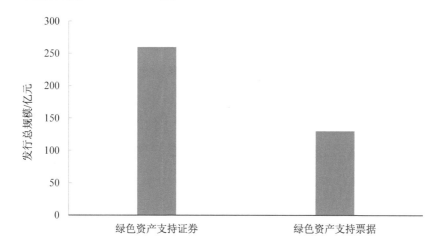

图 7-5　我国绿色资产支持证券（票据）发行情况

数据来源：新华财经中国金融信息网绿色债券数据库。

7.4　存在的问题与发展方向

7.4.1　存在的问题

绿色金融政策不健全。我国绿色金融尚未形成系统化、多元化的完善体系，绿色产业尚未摆脱资金来源渠道单一的局面。绿色保险、绿色证券、绿色信托及绿色基金等绿色金融服务产品发展缓慢，甚至处于起步状态。绿色信贷、绿色保险、绿色证券、绿色债券等领域绿色标准的统一仍然存在较大争议，环境信息强制性披露、环境信用评价等绿色金融政策共性的技术前提与基础仍然存在较大欠缺。

绿色金融政策激励性有待加强。绿色金融政策的本质是引导各经济主体开展绿色环保项目，促进社会经济的可持续发展、绿色发展。绿色产业往往属于风险较高、投资收益低、投资周期长的产业，如果缺乏相应的政策激励与扶持，金融机构会畏惧风险而裹足不前，企业也缺乏足够的投资动力。在激励机制方面，当前的政策取向以限制性条款居多，鼓励性、补贴性的优惠政策缺位，绿色信贷产品的风险难以分担补偿，执行政策的意愿不强。约束机制的刚性不强，政策以指引性、劝导性的软规范为主，缺少监督制约手段，在实施过程中主要依赖金融机构的自觉性和社会责任感。而且，由于没有全国统一的绿色金融操作标准，不同机构和不同地区在政策执行上冷热不均、松紧不一，这也挫伤了部分机构的积极性。

第三方服务等配套体系亟待完善。建立和完善与绿色金融发展配套的相关制度体系、第三方服务机构，以及适合不同阶段、不同层级的投融资体系，形成以绿色项目为核心的金融生态体系，是推动绿色项目风险收益平衡的关键。我国银行业和第三方机构还没有系统的绿色评级体系，在企业申请贷款时，对项目潜在的环境风险评估不全面，绿色企业整体风险未知，很难得到充足的资金贷款。此外，银行业的风险管理部门将一般贷款和绿色贷款一并评估，没有专门的环境与社会风险部门为其把关，专业性不强，助长企业"漂绿"风气。

7.4.2 发展方向

健全绿色资本市场。健全绿色信贷指南、企业环境风险评级标准、上市公司环境绩效评估等标准和规范，在绿色交通，绿色能源，绿色建筑，大气、水、土壤等的环境治理，绿色农林、生态文旅、康养一体化等领域构建绿色项目库，推广"绿色优先，一票否决"的管理原则，禁止向不符合绿色标准的项目发放贷款。鼓励企业、金融机构发行绿色债券，募集的资金主要用于支持生态修复、污染治理、发展绿色产业等领域，出台支持绿色债券的财政激励政策，补贴绿债发行。

加快推进绿色金融试验区建设。应加快推进绿色金融改革创新试验区建设。应进一步夯实六大绿色金融改革创新试验区的成果，及时总结各个试验区的成功做法，形成可复制、可推广的经验，为全国层面进一步发展绿色金融探索有效途径。要进一步做好绿色金融改革创新试验区的绿色项目库建设工作，为绿色金融的发展提供高效的项目保障。要立足市场化原则，统筹利用好试验区的各类资源和手段，建立健全推动绿色金融可持续发展的体制机制。要注意防控风险，六大绿色金融改革创新试验区应积极构建绿色金融风险防范化解机制，开展信贷风险监测和压力测试，定期监测绿色金融发展，实现绿色金融风险的事前、事中监测预警。

推进建立绿色发展基金或环境基金。区域、流域重点推广绿色发展基金，地方重点推广环境基金，推进财政资金的综合统筹、优化使用，突出资本市场的引入。引导和鼓励长江等重点流域以及粤港澳大湾区等重点区域探索设立绿色发展基金，统筹推进区域协同发展与生态环境共同保护。深入推进省级土壤污染防治基金的设立，按照"谁污染，谁付费"原则，明确治理主体归责，调动政府部门、排污企业、环保公司、金融机构、社会资本等各主体方开展土壤污染修复与治理的积极性，形成多元化的资金投入模式。

8

环境市场政策

我国环境市场政策总体进展稳步向好，法规政策体系逐步健全。国家及地方出台的政府和社会资本合作（PPP）、环境污染第三方治理体系等相关政策与规章逐步优化，营造政策利好环境，积极展开探索实践，推进 PPP 项目库建立与项目投资运行，落实污染主体责任、鼓励第三方治理、实施税收优惠政策，推进第三方治理体系建设。各方面实践经验助推我国丰富、有效的环境市场政策和机制的形成与优化。

8.1 生态环保 PPP 总体发展态势向好

积极出台文件规范 PPP 项目。为防范化解地方政府隐性债务风险，2019 年 3 月，财政部出台《关于推进政府和社会资本合作规范发展的实施意见》（财金〔2019〕10 号），要求审慎新上政府付费项目，划定 5%、7% 和 10% 等多条红线、风险线。这对以政府付费为主的生态环境 PPP 项目的规划与实施影响较大。地方层面，2019 年 5 月，江苏省财政厅出台《关于进一步加强政府和社会资本合作（PPP）项目财政监督的意见》，以进一步强化财政部门对 PPP 项目的监督职责，促进全省政府和社会资本合作模式稳健运行。同年 6 月，河南省财政厅印发《河南省财政厅 PPP 项目库入库指南》，旨在高效推广运用 PPP 模式。2019 年 8 月，湖南省财政厅、湖南省住房和城乡建设厅出台《湖南省城乡生活污水治理 PPP 项目操作指引》，规范了城乡生活污水治理 PPP 项目识别、准备、采购、执行、移交各环节操作流程。

生态环境治理仍是 PPP 重点领域。在利好政策推动及各路社会资本的追捧下，生态环境领域污染防治与绿色低碳项目在推广 PPP 模式的过程中受到了很高的重视。根据财政部 PPP 中心的全国 PPP 综合信息平台统计（图 8-1），自 2016 年以来，每年生态建设和环境保护类 PPP 项目占全部 PPP 入库项目比重均超过 7%，其中 2018 年超 12%。2019 年全国入库项目总量为 1 409 个，其中环保 PPP 项目（生态建设和环境保护类）为 123 个，占比为 8.73%，同比下降 3.65%。截至 2019 年 11 月初，全国正在推进的 PPP 项目近 7 000 个，总投资约 9 万亿元。其中，城市基础设施、农林水利、社会事业、交通运输、生态环境等领域的项目，占项目总数和总投资比重均接近 90%。

图 8-1　2016—2019 年生态建设和环境保护类 PPP 项目及
PPP 入库项目变化情况

数据来源：财政部 PPP 中心。

8.2 环境污染第三方治理体系逐渐健全、完善

实施第三方企业所得税税收优惠政策。2013 年年底出台《中共中央关于全面深化改革若干重大问题的决定》，在国家环境政策层面提出了"推行环境污染第三方治理"，在《中华人民共和国固体废物污染环境防治法》和《中华人民共和国水污染防治法》中，已经有了环境污染第三方治理的制度雏形。2019 年 4 月，财政部、国家税务总局、国家发展改革委及生态环境部发布的《关于从事污染防治的第三方企业所得税政策问题的公告》，提出对符合条件的从事污染防治的第三方企业减按 15% 的税率征收企业所得税，从税收及资金政策方面对环境污染第三方治理予以鼓励。

深入推进园区环境污染第三方治理。园区是打好污染防治攻坚战的重要阵地，工业企业集聚，对环境影响大，由于各方面原因，目前部分园区污染治理能力不足，污染治理专业化水平不高，存在环境风险隐患。为此，2019 年 7 月，国家发展改革委、生态环境部发布《关于深入推进园区环境污染第三方治理的通知》，其中明确选择一批园区（含经济技术开发区）深入推进环境污染第三方治理。其中有两个亮点：①因地施策。根据不同重点地区的工业结构和产业布局对园区提出要求，即京津冀及周边地区重点在钢铁、冶金、建材、电镀等园区开展环境污染第三方治理，长江经济带重点在化工、印染等园区开展环境污染第三方治理，粤港澳大湾区重点在电镀、印染等园区开展环境污染第三方治理。②通过强有力的政策化解现存问题。如对符合条件的园区和环境污染第三方治理企业给予中央预算内投资支持，以提高园区和排污企业的积极性；规范合作关系，以厘清第三方与排污主体的权责关系；推动环境污染第三方治理信息公开，以避免可能存在的联手造假问题等。以此为基础，共有电镀、化工、电子信息、冶金、矿产、印染等类型的 27 个工业园区进入国家深入推进环境污染第三方治理园区名单中（图 8-2）。

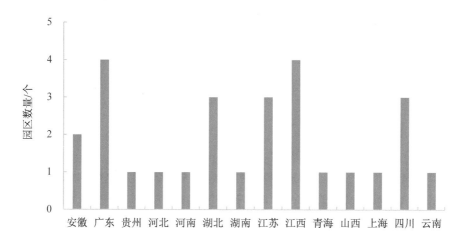

图 8-2　首批入选国家推进环境污染第三方治理园区名单的分布情况
数据来源：国家发展改革委环资司。

　　地方在实践探索中不断完善环境污染第三方治理政策措施。黑龙江省
人民政府办公厅印发的《关于推行环境污染第三方治理的实施意见》提出，
坚持"谁污染，谁付费"原则，排污者承担治理费用，环境污染第三方治
理企业按照委托合同约定进行专业化治理。四川省对以政府为责任主体的
城镇污染场地治理和区域性环境整治等，采用环境绩效合同服务等方式引
入第三方治理，并鼓励地方各级政府引入环境服务公司开展综合环境服务。
安徽省拓展第三方治理领域，涉及改革环境公用设施投资运营模式、培育
企业污染治理新模式，鼓励社会资本采取合资合作、资产收购等方式，参
与城镇生活污水处理、垃圾收运利用等准经营性行业项目建设运营。江苏
省为满足覆盖面广的污染治理现实需求，从强化排污责任单位承担污染治
理主体责任、发挥环保标准的引领与先导作用、完善市场秩序规范等方面
有步骤地推动环境污染第三方治理的健康发展。上海市针对重点领域出台

分类市场化治污举措，并于 2019 年 3 月印发《产业园区第三方环保服务规范（试行）》，该规范规定了产业园区第三方环保服务的适用范围、服务单位基本要求、服务内容与要求、服务成效评价、合同签订要求等事项。

8.3 存在的问题与发展方向

8.3.1 存在的问题

生态环境 PPP 项目过度依赖财政补贴，缺乏合理的投资回报机制。 根据财政部印发的《政府和社会资本合作模式操作指南（试行）》，PPP 回报机制包括使用者付费、政府付费和可行性缺口补助三种方式。目前，各种付费方式下的 PPP 项目数量相差悬殊。生态环境类项目投资额较大、回收周期也较长，社会资本在选择时更倾向于有财政补贴来源的项目，因此生态环境类 PPP 项目主要以政府付费为主。垃圾处理等能够在未来产生稳定收益的项目所占比例相对较小。在实际运作中，未建立对企业项目运营资质和项目方案科学性、完整性及有效性的评判标准体系，尚未形成风险衡量和分担的合理机制，造成部分项目风险很大且全部由社会资本无偿承担，部分项目则由政府主动或被迫兜底。另外，目前尚没有 PPP 绩效考核评价具体办法，也无法以绩效考核评价结果为项目付费依据制定激励机制。

生态环境 PPP 项目入库要求不全面。 对于生态环境 PPP 项目的入库，尽管有了"两评一案"的要求，但并未要求办理建设用地规划许可证、建设工程规划许可证。环保企业投标拿到项目后，需要花费至少 1 年的时间办理这两个许可证。在这个过程中，由于证照不齐全，银行无法对项目放贷，环保企业被迫通过短期融资进行过渡，从而对资金链造成较大压力。

环境污染第三方治理存在责任划分不清、融资难、弄虚作假等问题。 近年来，我国在城镇生活污水处理、大型工业企业和工业园区环境污染治理、水体污染治理等领域引入环境污染第三方运营，其专业化、社会化的治污效果凸显。但是在实际推动环境污染第三方治理实践中，也存在不少困难。一是排污企业和环境污染第三方治理企业之间治理责任划分不清，部分企业假以环境污染第三方治理之名，行推卸责任之实，挫伤了环境污染第三方治理企业的治污积极性，使环境治理效果大打折扣。二是环境污染第三方治理企业介入环境污染治理面临的最大困境是融资难、融资贵。上市融资、公开募股、风险投资、项目融资等资金募集方式尚未成熟。民营环境污染第三方治理企业陷入融资困境。三是环境污染第三方治理信息公开进度滞后，弄虚作假问题依然存在。在促进环境污染第三方治理企业信息公开方面，排污企业的环境信息披露制度包括强制性公开和自愿性公开两类，污染产生企业自愿发布污染物排放信息的积极性不高，难以形成排污企业、治理企业、园区监测监控机构相互监督和相互制约的局面，导致信息公开进展缓慢。有些环境污染第三方治理企业已由环境治理机构沦为排污企业违法排污的帮凶，成为环境治理的反向力量。

8.3.2 发展方向

加大对生态环境 PPP 项目的支持力度。充分考虑生态环境 PPP 项目特点，适当放宽政府付费类生态环境 PPP 项目入库要求，不以政府付费为生态环境 PPP 项目的入库限制条件。建立生态环境 PPP 项目入库评审绿色通道，缩短入库评审周期。加大财政环保专项资金对生态环境 PPP 项目倾斜支持力度，把规范采取 PPP 模式的项目优先纳入中央环保投资项目储备库，并在专项资金安排中予以倾斜。

建立按绩效付费机制。建立健全生态环境治理项目绩效评价体系，将按效付费作为生态环境治理项目主要付费机制，倒逼企业服务质量、效率与行业准入门槛的提高，切实扭转环保企业"鱼目混珠"的局面。制定生

态环境治理项目绩效考核办法和细分领域实施细则，全面推进绩效考核评价工作。针对政府实施的生态环境治理项目，公共财政资金的支付必须同治理绩效挂钩，鼓励企业治污项目参照实施。严格合同管理，相关合同文本中应明确有关绩效考核、按效付费等条款。培育第三方绩效考核评价专业咨询机构，建立专业咨询机构激励约束机制，提高绩效评价的科学性、公正性和权威性。

创新模式，拓宽环境污染第三方治理行业融资渠道。政府有关部门协调人民银行等部门探索实行应收账款、收费权质押贷款等服务创新模式，并针对环境污染第三方治理企业给予专项的融资配额，在利率方面给予优惠倾斜，如参照支持"三农"建设的银行定向降准模式，对绿色环保企业采取定向降准优惠政策，实现银行资金精准支持环保企业发展，从而降低环保企业融资成本，带动环保产业发展。

9

环境与贸易政策

国际经验和实践表明，环境与贸易挂钩已经成为一种惯例，贸易政策已成为支持环境管理的重要手段。各国通过世界贸易组织（WTO）贸易政策审议、自贸协定谈判等积极构建贸易政策体系支持本国环境保护工作。

9.1 WTO 框架下的相关工作

深度参与贸易政策的环境审议工作。生态环境部积极参与对 WTO 其他成员的贸易政策审议工作，据统计，截至 2019 年 12 月底，参与审议其他成员贸易政策累计次数多达 263 余次，涉及 105 个国家和地区，通过对其他成员提出有关环境政策、环境服务市场开放水平、环境执法、环境标准等方面与环保相关的问题，可以便捷有效地获取其与贸易相关的环境措施信息，以期借鉴经验，进一步推动我国改善环境质量。

《环境产品协定》谈判进展不大。环境产品贸易自由化是解决贸易与环境冲突、实现绿色发展的有效途径。随着经济全球化发展，生态环境问题显得越发重要，打破环境产品关税壁垒、实现环境产品贸易自由化，将有助于创造贸易、环境、发展"三赢"的全球治理新格局。作为国际贸易界解决环境问题的重要渠道，WTO 下的《环境产品协定》（以下简称《协定》）谈判于 2014 年 7 月由 14 个 WTO 成员在瑞士正式启动，以亚太经合组织（APEC）2012 年达成的 54 项环境产品清单为基础，进一步扩大谈判成员和产品范围，实现环境产品贸易自由化。2015 年，WTO《协定》共进行 8 轮谈判，12 月初结束第 11 轮谈判。谈判初期，各方就环境产品范围展开激烈讨论，最终一致同意将环境产品分为大气污染净化、水污染净化、土壤污染治理、环境友好等 10 类产品。2015 年中旬，各谈判方均提交了环境产品清单建议，并就提名产品的环境效益进行了逐项讨论，由于各谈判方均希望在清单中提高本国优势产品比例，阻止其他国家优势产品进入，并在降低关税税率的磋商中分歧较大，难以在阶段性出价的过渡措施上达成共识，各方利益的持续博弈阻碍了谈判的进一步进行。

9.2 双边自由贸易协定

中国和新西兰自由贸易协定升级谈判结束。2019 年 11 月，中国和新西兰宣布正式结束两国之间的自由贸易协定升级谈判。自 2008 年中国—新西兰自由贸易协定生效以来，双边贸易实现了超出两国预期的快速增长，自由贸易协定成为深化两国经贸关系和各领域合作的催化剂。10 年来，国际贸易规则和贸易活动都发生了深刻的变化。在此背景下，中新双方于 2016 年 11 月启动自由贸易协定升级谈判，以准确反映两国双边经贸关系快速、动态、与时俱进的发展需要，并以此进一步促进区域经济一体化进程。中新自由贸易协定升级谈判对原有的海关程序与合作、原产地规则及技术性贸易壁垒等章节进行了进一步升级，新增了电子商务、环境与贸易、竞争政策和政府采购等章节。双方还在服务贸易和货物贸易市场准入、自然人移动和投资等方面做出了新的承诺。

《美墨加协定》环境保护章节树立了较高的标准。实施了 24 年的《北美自由贸易协定》已经被《美墨加协定》代替。在环境保护方面,《美墨加协定》被美国认为是代表了最先进的和最高标准的环境和贸易协定,该协定在环境保护上综合了《跨太平洋伙伴关系协定》的环境章节和世界贸易组织多哈回合的环境议题谈判取得的成果,叠加了美国在贸易与环境问题上一直重视的可持续的渔业管理和重要海洋物种的保护、对渔业和海洋生物保护的国际文件广泛吸收等几个传统议题,同时又增加了美、墨、加三国所关心的大气污染、海洋微塑料、负责任的投资和自愿的环境管理等近几年环保领域内的新议题,具有高度综合性。与我国签订的自由贸易协定的环境章节相比,《美墨加协定》更加强调实施有强制的争议解决机制,在该领域内树立了很高的标准。

9.3 中美贸易磋商

中美贸易间存在巨大的资源环境逆差。我国商品在出口美国过程中虽然获得了一定的经济收益,但是付出了大量污染物排放和生态破坏代价。据测算,每年我国对美国出口导致的 CO_2 排放为 4.2 亿 t,约占我国 CO_2 总排放量的 4.3%;导致的 SO_2、NO_x、PM_{10}、VOCs 排放量分别为 66 万 t、64 万 t、32 万 t、45 万 t,分别约占我国相应污染物排放总量的 2.3%、2.8%、2.5%、2.5%。每年我国从美国进口导致的美国 CO_2 排放量为 4 405 万 t,导致的 SO_2、NO_x、PM_{10}、VOCs 排放量分别为 9 万 t、15 万 t、2 万 t、23 万 t。从环境贸易平衡来看,每年美国净转移到我国的 CO_2 排放量约为 3.76 亿 t,占我国 CO_2 总排放量的 3.8%;净转移到我国的 SO_2、NO_x、PM_{10}、VOCs 排放量分别为 57 万 t、49 万 t、30 万 t、22 万 t,占相应污染物排放总量的 2.0%、2.1%、2.3%、1.2%。而我国在中美贸易中获得的经济顺差仅占我国 GDP 的 1.1%,可见经济收益与污染转移存在严重的脱钩现象。

中美贸易间的不确定性可能带来潜在环境治理压力。一是从工业角度来看，短期内美国对我国的钢材和有色金属产品出口加增关税，客观上可能有利于减少污染。测算表明，2017 年我国钢铁行业 SO_2 和 NO_x 排放量分别为 136.8 万 t 和 55 万 t。假设对美国钢材出口完全终止，将带来 SO_2 和 NO_x 的减排量约为 0.3 万 t 和 0.11 万 t。考虑到钢铁上下游炼焦、电力、运输等行业的间接传导，预计将带来 SO_2 和 NO_x 减排量分别约为 1.5 万 t 和 0.5 万 t。但长期来看，贸易争端可能会进一步加大我国产业结构低端化风险，给我国生态环境保护带来更大压力。二是从农业角度来看，东北三省及内蒙古自治区、黄淮海地区和西南地区种植结构改变将影响我国农业面源污染控制水平。2019 年 3 月农业农村部办公厅印发《大豆振兴计划实施方案》，2019 年我国将扩大东北、黄淮海和西南等地区的大豆种植面积，力争到 2020 年大豆种植面积达到 1.4 亿亩，2022 年达到 1.5 亿亩，其中 2019 年大豆种植面积增加 1 000 万亩。对生态环境保护的影响有两种：一是增加农业面源污染防治压力；二是若原种植物比大豆单位污染物排放量大，则可能减少农业面源污染。

9.4 实施禁止进口固体废物措施

禁止洋垃圾入境工作稳步推进。2019 年，生态环境部会同有关部门全面落实《禁止洋垃圾入境推进固体废物进口管理制度改革实施方案》，平稳有序推进各项工作，在 2017 年、2018 年连续两年取得明显成效的基础上，顺利完成 2019 年度改革任务目标。2019 年全国固体废物进口总量为 1 347.8 万 t，同比减少 40.4%。2020 年是禁止洋垃圾入境推动固体废物进口管理制度改革的收官之年。生态环境部将继续会同各有关部门和地区，力争在 2020 年年底基本实现固体废物零进口，全面完成各项改革任务。

固体废物进口管理制度改革继续取得重大进展。一是坚持精准调控，持续削减固体废物进口种类和数量。有 56 种固体废物被调整为禁止进口。

截至目前，固体废物进口种类和数量比改革前的 2016 年分别下降了 76%、71%。二是保持高压态势，切断洋垃圾走私供需利益链。海关总署持续开展三轮打击整治洋垃圾走私"蓝天 2019"专项行动，坚决将洋垃圾拒于国门之外。生态环境部继续严格审查进口固体废物申请，开展打击进口固体废物加工利用企业环境违法行为专项行动，组织对废金属、废纸进口企业开展现场检查，并取得积极成效。三是注重政策协同，推动固体废物利用产业高质量发展。引导产业进口符合产品质量标准的金属原料。以进口固体废物为主营业务的骨干企业聚焦国内市场，加速布局国内废纸回收渠道，倒逼国内再生资源行业从"小、散、乱"转为规模化、高质量发展。

海关总署"蓝天 2019"专项行动使洋垃圾走私活动得到有效遏制。"蓝天 2019"共开展三轮专项行动，海关总署在天津、山东、福建等 9 个省（市）同步开展集中查缉抓捕行动。经过持续强化监管、高压严打、综合治理，禁止洋垃圾入境专项工作取得阶段性成果，固体废物进口量、发案数呈双下降趋势。固体废物进口 1 310.27 万 t，同比下降 37.45%；查办洋垃圾走私案件 354 起，查证涉案废物 76.32 万 t，同比分别下降 21%、48.64%；抓获犯罪嫌疑人 376 名，同比下降 20.34%。在持续严打之下，按照最高人民法院、最高人民检察院、海关总署联合发布的《关于敦促走私废物违法犯罪人员投案自首的公告》要求，共有 56 名走私废物违法犯罪人员主动投案自首。

禁止进口固体废物措施改变了全球固体废物贸易格局。贸易的往来通常隐含着环境成本的国际转移，1995—2016 年，我国年固体废物进口量从450 万 t 增长到 4 500 万 t，20 年间翻了 10 倍。其中美国、欧盟是我国可用作原料固体废物进口的两大来源地，其废物的回收处理长期依赖我国市场。商业咨询机构 China Briefing 的数据显示，美国废纸出口中有 2/3 以上直接送到了中国，欧盟再生塑料有 87% 直接或间接运至中国。自 2017 年我国实施禁止进口固体废物措施以来，对美国、欧盟、英国等多个国家和地区的再生资源回收行业造成了严重的打击，尤其是美国，国内固体废物回收利用设施欠缺，大量废塑料、废纸等被迫填埋或弃置，造成较大的经济损失和环境、就业问题，因此，美国政府将禁止进口固体废物议题作为中美贸易磋商的主要议题之一。发达国家为了解决本国垃圾"爆仓"的局面，短期内出现污染转移目标，全球固体废物出口可能向东南亚、拉丁美洲等劳动力成本较低的发展中国家转移。长期来看，全球固体废物贸易额将随着倒逼固体废物出口国提升自身的固体废物处理能力、完善本国循环经济体系及全球固体废物处理技术的提升而大幅下降。

9.5 存在的问题与发展方向

9.5.1 存在的问题

《美墨加协定》中的环境承诺水平对我国签订的自由贸易协定环境章节的未来谈判具有很大的挑战。一是跨行业和跨部门的综合协调的挑战。从《美墨加协定》的环境章节来看，环境问题涉及国内环境法的实施，既包括污染治理，也包括森林、野生动植物等自然资源利用、湿地和草原保护、臭氧层保护、海洋污染管理、海洋生物保护等领域，在我国分别涉及生态环境部、商务部、自然资源部、农业农村部、公安部、中国气象局和财政部等多部门职能。二是面临信息公开、公众参与、正当程序下的环境管理和监督的挑战。信息公开、公众参与和正当程序都是我国环境法治的一部分，它们与我国的法律并无根本性的冲突，但我国的实践与《美墨加协定》仍然有距离，例如可以公开信息的范围、种类和方式。公众参与的方式，在我国经常是政府或者企业单向地收集公众意见和建议，公众与企业或政府面对面协商的机会并不多，公开听证的情况更是凤毛麟角，公众提了意见和建议也很少有反馈。另外，媒体和非政府组织在公众参与中经常受到限制，使公众参与的作用很难充分发挥。环保非政府组织在我国环保工作中的作用没有得到充分的鼓励。

中美贸易争端导致经济发展目标预期下调，可能会影响生态环境保护目标的预期。中美贸易争端给当前中国经济发展的前景增添了变数，2019年经济增长的态势变得模糊，有些地方下调了经济发展目标。外贸依存度较高的江苏、广东、福建、浙江、上海等省（市）压力更大。例如苏州2019年 GDP 增长率目标 6%，实际降低了 0.8 个百分点，进出口额目标 3 100 亿元，同比下降 12.5%。经济发展目标预期的进一步下调，更多地方将可能会下调生态环境保护目标，如广东的单位 GDP 能耗下降目标由 3.2%下调到 3%，且不再提出污染物减排目标。

9.5.2 发展方向

妥善处理贸易争端，严守生态环境保护工作的底线要求。一是依法建设、依证排污、达标排放是对企业的硬要求，需要严格执行。目前正值打赢污染防治攻坚战的关键期，要强化"贸易—经济—环境"系统分析，短期与长期相结合，科学分析贸易进出口政策变化给生态环境带来的直接影响，以及贸易协议实施后国内经济、社会形势变化给生态环境保护工作带来的间接影响。二是妥善处理好贸易争端带来的社会经济形势与生态环境保护工作关系的变化，保持加强污染防治攻坚战的战略定力，明确生态环境保护工作的底线要求，绝不放松工作力度，守住生态红线，确保企业守法和达标排放。三是继续推进中央环保督察和严格执行环保强化督查制度，确保地方严格执行环保底线要求。

合理应对贸易争端，从环保角度为减缓贸易影响做贡献。一是根据贸易争端对经济和环境影响的大小，制定区域差异化环境管制政策。对于东

北三省及内蒙古自治区、黄淮海地区和西南地区等种植结构改变的区域，推动农作物的绿色、高质、高效，鼓励推介一批增产潜力大的高产优质品种，集成一批节本高效的绿色技术模式；对于出口受到影响较大的四川、河南、江苏、广东、福建、浙江、上海等省（市），适当控制产能扩张，加大产业清洁化、循环化升级力度，同时，国家根据受影响程度对其给予环境治理补贴，保证地方政府和企业对环境保护的持续配套投入；牢牢把控地方政府对房地产政策的调控力度，扩大内需，寻找新的经济增长点；京津冀地区继续推进四大结构调整、散煤治理和清洁取暖；长江经济带应主动调整高污染产业布局，开展"三磷"整治，优化产业结构。二是根据贸易争端影响的行业实行差异化管制措施。制定中美贸易争端涉及产业与污染强度较高产业重合的行业清单，严守其环境排放标准，进一步理顺产业绿色升级改造的支撑政策，适时出台环境投资补偿等扶植措施；遵循钢铁、水泥等产业的产量规模动态波动规律，严控污染物排放量，巩固"蓝天保卫战"的已有成果。借助"一带一路"的政策条件，继续推进环保产业"走出去"，积极拓展东南亚、拉丁美洲等第三世界国家市场，提高国际竞争力。提升新能源与稀有矿产生产与加工技术水平，加强知识产权保护，降低对进口能源与关键战略技术的依赖性。

10

环境资源价值核算

    2005 年，时任浙江省委书记习近平首次提出"绿水青山就是金山银山"（"两山"理论）的科学论断，在 2018 年长江经济带发展座谈会和全国生态环境保护大会上习近平总书记多次强调牢固树立"两山"理论，选择具备条件的地区开展生态产品价值实现机制试点，探索政府主导、企业和社会各界参与、市场化运作、可持续的生态产品价值实现路径。至此，在国家层面统筹推进生态产品价值实现顶层制度设计，地方深入开展生态产品价值实现机制的试点探索与实践，并取得一定的阶段性成效。环境经济政策、绿色信贷、生态绩效考核以及生态补偿标准确定等工作已经有序开展，为进一步建立生态产品价值形成与核算机制、自然资源生态产品定价和交易机制等方面提供了重要参考依据，为增加生态产品有效供给，为绿色财政、税收、金融、价格与信贷等导向性经济政策的制定提供有力支撑，助推"绿色福利"向让人民群众长久受益的"发展红利"转化。

10.1　生态产品价值实现机制试点工作

    丽水市推进生态产品价值实现机制建设并取得一定成效。丽水市建立

形成了"1+10"试点推进实现机制；制定并实施《丽水市生态产品价值核算技术办法（试行）》，开展了市、县、乡镇、村四级生态系统生产总值（GEP）核算评估工作；编制完成《丽水市企业和个人生态信用行为正负面清单》，其中正面清单 18 条 58 项、负面清单 31 条 148 项，共 49 条 206 项；编制完成《丽水市生态信用守信联合激励和失信联合惩戒工作实施意见》《个人生态信用积分管理办法》。不断加强"两山"理念研究和人才培训。开展有关生态产品价值实现机制的各级培训共 4 期，参训干部 400 余人。

丽水市成为全国首个生态产品价值实现机制试点市。2019 年 1 月，国家推动长江经济带发展领导小组办公室正式印发《关于支持浙江丽水开展生态产品价值实现机制试点的意见》。该意见指出《丽水市生态产品价值实现机制试点方案（送审稿）》贯彻落实了习近平总书记在深入推动长江经济带发展座谈会上的重要讲话精神，该意见要求丽水市在推进试点工作中注重在建立价值核算评估应用机制、建立生态产品市场交易体系、创新生态价值实现路径等方面深入开展探索，确保 2020 年前形成一批具有示范效应的可复制、可推广的经验。2019 年 3 月，浙江省政府办公厅正式印发《浙江（丽水）生态产品价值实现机制试点方案》，全力支持丽水市开展生态产品价值实现机制国家试点建设，这标志着丽水市生态产品价值实现机制试点步入全面实施阶段。

10.2 自然资源资产负债表试点工作

国家层面全面部署自然资源资产负债表试编工作。按照中央有关要求，国家统计局与国家发展改革委、财政部、自然资源部、生态环境部、水利部、农业农村部、国家林业和草原局联合印发了最新修订后的《自然资源资产负债表编制制度（试行）》，全面部署开展省级自然资源资产负债表试编工作。除此之外，为了论证在县级层面编制自然资源资产负债表的可行性，国家选取内蒙古自治区呼伦贝尔市鄂温克旗、浙江省湖州市安吉县、贵州省遵义市赤水市、陕西省延安市富县 4 个地区作为试点，试点工作初步计划从 2018 年 1 月开始到 2019 年 12 月底结束。

地方不断完善自然资源资产负债表相关制度。内蒙古、广西、甘肃、福建等省（区）先后发布自然资源资产负债表编制制度相关文件，明确了自然资源资产负债表的核算内容、调查对象及范围、调查方法、组织方式和数据发布等要求。其中，甘肃省针对不同区域保护要求，先后发布了《甘肃省祁连山国家公园自然资源资产负债表编制制度》《甘肃省大熊猫国家公园自然资源资产负债表编制制度》，以便开展祁连山国家公园自然资源资产价值评估、甘肃大熊猫国家公园白水江片区自然资源资产负债表编制等工作。

地方持续推进自然资源资产负债表试点工作。山东省青岛市聚焦自然资源资产负债表编制中的关键问题和难点、堵点问题，以对外招标课题形式确定了"自然资源资产负债表编制中的若干关键问题"研究课题，制定了《青岛市自然资源资产负债表编制试点工作方案》，推动试点试编工作。陕西省初步建立全省全民所有自然资源资产情况统计和评价考核制度，选择 1～2 个市开展全民所有自然资源资产负债表编制试点。辽宁省辽阳市积极推进自然资源资产负债表编制工作，分别完成了 2016 年和 2017 年的试编工作。

江西省探索赣闽贵自然资源资产负债表核算工作。2019 年 12 月，江西财经大学生态文明研究院、江西省生态文明制度建设协同创新中心和中国高等教育学会生态文明教育研究分会联合发布中国首批国家生态文明试验区自然资源资产负债表——《赣闽贵自然资源资产负债表（2019）》。该表从水资源、耕地资源、森林资源等重点生态资源入手，核算分析了 2012—2017 年赣、闽、贵三个首批国家生态文明试验区自然资源总资产、负债、净资产存续状况。核算结果显示，首批生态文明试验区中，江西省连续 6 年（2012—2017 年）净资产价值最高，从现状值（2017 年）来看，江西省水资源、耕地资源、森林资源均排名首位；从变化趋势来看，2012—2017 年赣、闽、贵三省水、耕地、森林等自然资源总资产、净资产都呈逐年增长趋势，江西省总资产、净资产年均增长额均最大，贵州省次之，福建省第三，国家生态文明试验区建设已初显成效。

10.3 生态环境资产核算试点工作

生态环境资产核算体系不断完善。生态环境部环境规划院经过多年实践，综合绿色 GDP 和 GEP 的研究体系和方法，构建了经济生态生产总值综合核算体系，完成《中国环境经济核算报告（2017 年）》《中国生态系统生产总值报告（2017 年）》《中国大气环境质量改善效益核算报告（2017 年）》《多尺度非点源水污染排放清单编制研究报告》《中国生态保护建设支出核算报告（2017 年）》等以及 2017 年中国 $PM_{2.5}$ 年均浓度遥感影像解译（10 km 分辨率）数据等研究成果。

2017 年我国经济生态生产总值（GEEP）为 132.98 万亿元，比 2016 年增加 4.80%。其中，GDP 为 84.7 万亿元，生态破坏成本为 0.69 万亿元，环境退化成本为 2.21 万亿元，生态环境成本较 2016 年增加了 2.9%。生态系统生态调节服务为 51.2 万亿元，比 2016 年下降 0.46%。生态系统调节服务对 GEEP 的贡献大，占比为 38.5%；生态破坏成本和环境退化成本占比约为 2.2%。

厦门市积极打造生态系统价值核算的"沿海样板"。厦门市按照"对标国际、大胆创新、突出特色、加快推进"的要求，在系统总结千年生态系统评估（MA）、生态系统与生物多样性经济学（TEEB）研究、环境经济核算体系试验性生态系统核算（SEEA-EEA）等国内外相关研究的基础上，依据核算原则建立了具有厦门特色的生态系统价值核算指标体系，形成了生态系统价值核算技术体系，发布了《厦门市生态系统生产价值统计核算技术导则》，设计并编制了《厦门市生态系统生产价值统计年鉴（草案）》。

浙江省丽水市开展全国首个村级生态环境资产核算。浙江省丽水市制定并实施了《丽水市生态产品价值核算评估试行办法》，完成了遂昌县大柘镇大田村全国首个村级 GEP 核算评估，核算结果显示，遂昌大田村 GEP 为 1.6 亿元。大田村 GEP 核算试点为全市域其他县、乡、村 GEP 核算评估工作提供了重要借鉴，也为赢取绿色信贷支持、生态绩效考核、生态补偿标准确定等工作提供了重要参考依据。

安徽省六安市积极开展生态系统生产总值核算。六安市各生态系统产品产量及产值数据、水资源和湖库蓄水容量数据等均来自统计年鉴及其他有关部门公开的统计数据。综合分析核算结果可知，2017 年六安市 GEP 为 3 794.48 亿元，其中生态系统提供产品总价值 408.5 亿元，占全市 GEP 的 10.77%，生态系统调节功能总价值为 3 140.8 亿元，占全市 GEP 的 82.77%，生态系统文化功能总价值为 245.2 亿元，占全市 GEP 的 6.46%。六安市国土面积约 15 461.16 km^2，单位面积 GEP 为 2 454.20 万元/km^2，2017 年六安市 GDP 总量为 1 218.7 亿元，仅占 GEP 的 32.12%。可见六安市 GEP 相对较高，生态系统提供的产品、调节功能和文化功能在经济社会可持续发展中扮演了重要角色，以牺牲本地区生态环境来换取短期 GDP 的增长是不明智的，应持续加大对生态环境的保护和投入，制定生态环境保护规划并实施评估，确保每年 GEP 不能降低。

云南省怒江傈僳族自治州积极开展生态资产价值核算。经核算，2017年怒江傈僳族自治州生态资产价值总计达 6 217 亿元，绿金指数（生态资产与 GDP 的比值）为 43.93，从强度指标来看，怒江傈僳族自治州单位国土面积的生态资产价值为 4 263 万元/km^2，这一数值是全国单位国土面积

GEP 的 4.99 倍。从生态系统的服务功能类型来看，全州生态系统调节服务功能的价值达到 5 787.54 亿元，占比最高，达到 93.09%，其余生态系统的产品供给价值和文化服务价值分别为 396.22 亿元和 33.24 亿元。从生态资产价值的空间分布来看，全州各县（市）生态资产价值的分布较为平均，贡山县生态资产价值量居全州首位，达到 2 041.27 亿元，占全州生态资产价值总量的 32.83%，其他三县（市）的占比也均超过 20%，生态资产分别为福贡县 1 502.63 亿元、兰坪县 1 366.27 亿元、泸水县 1 307.65 亿元。核算结果表明，怒江傈僳族自治州真正实现了"绿水青山"向"金山银山"的转变，全州生态涵养功能价值极高。

10.4 环境损害赔偿制度

最高人民法院推进生态环境损害赔偿案件审理的司法制度建设。2019 年 6 月 5 日，最高人民法院公布《最高人民法院关于审理生态环境损害赔偿案件的若干规定（试行）》，探索完善生态环境损害赔偿制度。该规定指出了可提起生态环境损害赔偿诉讼的三种情形，包括发生较大、重大、特别重大突发环境事件的，在国家和省级主体功能区规划中划定的重点生态功能区、禁止开发区发生环境污染、生态破坏事件的，以及发生其他严重影响生态环境后果的情形。此外，该规定明确了环境损害赔偿诉讼案件的审理规则、举证责任、生态环境损害赔偿诉讼与环境民事公益诉讼的衔接等，首次将"修复生态环境"作为生态环境损害赔偿责任方式，并根据生态环境能否修复对损害赔偿责任范围予以分类规定，创新了生态环境损害赔偿责任体系。

地方逐步建立反映生态系统成本和修复效益的损害追究制度。2019 年 8 月，珠海市委办公室、市政府办公室联合印发了《珠海市生态环境损害赔偿制度改革实施方案》，对依法追究生态环境损害赔偿责任的适用情形、不适用情形，以及赔偿费用组成等做出了明确规定，还明确指出了三种不适用生态环境损害赔偿的情形。丽水市在全市试行生态环境损害赔偿制度，提出"到 2020 年，初步构建责任明确、途径畅通、技术规范、保障有力、赔偿到位、修复有效的生态环境损害赔偿制度"。

10.5 存在的问题与发展方向

10.5.1 存在的问题

生态产品价值实现机制仍然存在很多短板。自然资源的资本化和增值利用模式与政策手段仍有欠缺，各种自然资源能否资本化、如何资本化、如何增值利用等具体问题尚缺乏理论与政策实践支撑。决策和政策不完善，部分地方政府职能越位、错位导致市场价格扭曲，企业真实的环境成本难以"内部化"。财政、税收、金融、价格等政策不到位，难以对从经济活动源头减少环境污染形成持续激励，难以保障生态公共产品有效供给，无法推动将"绿色福利"转化成让人民群众长久受益的"发展红利"。

自然资源资产负债表试点在数据可得性、编制技术、成果应用等方面面临诸多障碍。目前，湖州市等 4 个国家自然资源资产负债表试点探索取得了初步成效，但整体来看还面临诸多政策制度障碍和现实困难。一是技术手段不足，监测数据获取难度大、成本高。根据国家有关方案要求，试点地区编制自然资源资产负债表有关技术工作，由统计部门牵头负责。国家统计部门统一下发了一套固定表格进行汇总和填报。但是，表格覆盖面广，部分数据调查难度大、成本高，现有条件难以达到，对于有些数据，地方在填报时采用估算方式，准确性不高。二是当前国内外关于自然资源资产负债表编制的基本理论和技术方法均不成熟，试点工作开展难度较大。三是在自然资源资产负债表应用方面，考虑到生态环境效益显现周期长，

175

很难用当前状况直接评价被审计领导干部履职履责情况，且生态产品价值形成机制未建立，目前的自然资源资产负债表难以用于决策参考、离任审计和评价考核。

生态环境损害赔偿制度存在很多亟待解决的实践问题。2019 年是我国生态环境损害赔偿制度改革"全面实施"之年，为今后在全国范围内初步构建责任明确、途径畅通、技术规范、保障有力、赔偿到位、修复有效的生态环境损害赔偿制度奠定了基础，但也存在不少亟待解决的实践问题。一方面，从技术层面来看，生态环境损害鉴定评估的相关技术标准与操作规程有待进一步完善，以保障生态环境损害鉴定评估的科学性和一致性。另一方面，高昂的生态环境损害鉴定评估费用饱受争议，其定价的合理性常常成为磋商和诉讼实践中的焦点问题之一。同时，如何处理生态环境损害赔偿义务人无力承担赔偿责任的情况、生态环境修复的资金如何进行有效管理与使用等也是制度层面的短板。

10.5.2 发展方向

完善生态产品价值实现相关政策。建立生态产品价值核算体系，健全生态产品市场经营开发制度，构建统一规范的生态产品交易市场，探索生态产品价值实现路径。应进一步构建完善的生态产品质量认证体系，确保生态产品的真实性，并根据交易双方的供需关系和模式来调整生态产品规模和品质。同时，明确不同区域的生态产品市场基准价格参考体系，以市场定价为基础制定生态产品市场基准价格，完善生态产品价格体系。通过建立财政调节和转移支付机制来分配生态产品购买地产生的自然资本增值，以解决因空间规划和用途管制产生财富分配不均和生态产品产生地空间权丧失的财政补偿问题，最大限度地促进所有权、收益权和利益分配权的统一。

多方联动，推动自然资源资产负债表的实际应用。研究建立全国范围内统一、科学、规范的自然资源资产统计调查制度，统一自然资源资产的普查时点、调查方法和统计口径等，整合耕地质量、林地和水域面积等各类交叉重复的数据，摸清自然资源资产家底及其变动情况。打通各类数据孤岛，在国家层面建立集中统一、资源互补、信息共享、准确全面、安全高效的自然资源资产数据库平台和信息管理系统。研究建立切实可行的自然资源资产绩效综合评价办法，从自然资源实物量规模、质量、结构等方面着手，研究自然资源价值量核算的理论基础、资产量化评估方法。明确负债表用途，充分用于地方党委、政府和领导干部的考核，同时健全自然资源生态产品价值实现机制，为自然资源生态产品定价、交易提供基础数据支撑。

推进生态环境损害赔偿制度和公民环境诉权的司法保障。结合开展生态环境损害赔偿制度改革试点工作经验，积极制定生态环境损害索赔政策管理办法，明确启动条件、鉴定评估机构选定程序、管辖划分、信息公开等工作规定。加速建立对生态环境损害索赔行为的监督机制，建立责任明确、途径畅通、技术规范、保障有力、赔偿到位、修复有效的生态环境损害赔偿制度。推动环境损害鉴定评估工作，加快编制《生态环境损害鉴定评估技术指南——污染物性质鉴别》《生态环境损害鉴定评估技术指南——替代等值分析法》等技术方法，进一步完善生态环境损害鉴定评估技术方法体系。强化公民环境诉权的司法保障，创新环境公益诉讼费用负担机制，灵活运用诉讼费用减免措施，建立环境公益诉讼专项基金，提高环保社会组织提起环境公益诉讼的积极性。

11

行业环境经济政策

国家越来越强调分行业精细化管理，逐步加大行业环境政策的研究制定和实施力度，从开发名录式、清单式行业环境管理应用工具，到推进重点行业水效、能效、环保"领跑者"制度实践，到推动绿色供应链管理，再到环境信息强制性披露及信用体系建设，从国家到地方都形成了一系列的政策探索及制度落地，为环境信息的透明化、环保责任的明确化及环境经济的协同化提供了有力支撑，积极推进了工业行业的环境差别化管理、市场手段的高效应用、监督监管精准施策等，有效提高了工业行业的节能减排、污染治理水平。

11.1 环境保护综合名录

完成《环境保护综合名录（2020 年版）》（征求意见稿）编制工作。本次新版名录筛选论证时，以服务于推动经济高质量发展、构建市场导向的绿色技术创新体系、绿色生产和流通体系为主要目标，包含多项精准服务于大气环境治理等重点环保任务的产品与工艺，包含多种具有毒性强且持久、严重损害人体健康与生态环境安全、出口占比高、近年来

178

产能产量增速较快等特征的"双高"产品。2020 年版名录新增了环境友好工艺和对应的重污染工艺 50 余种、"双高"产品 10 余种、污染防治专用设备 7 种。

《石化绿色工艺名录（2019 年版）》发布。此次发布的《石化绿色工艺名录（2019 年版）》比 2018 年版新增 3 个条目、10 项工艺，涵盖了传统原料与中间体的生产工艺、先进的无机盐生产工艺以及高效低毒农药工艺等一批显著降低环境负荷、大幅提升资源利用效率的绿色工艺。名录的修订严格遵循先进性、产业化、宜推广的要求，筛选增补的工艺在产品品质、能耗、物耗、"三废"排放、工艺安全等方面综合评估具有显著的优势，行业推广价值较大。相关企业在技术改造、项目建设中可以采用绿色工艺，提高绿色发展水平。该名录采用了《环境保护综合名录》的大部分环境友好工艺，拓宽了《环境保护综合名录》的应用领域（表 11-1）。

表 11-1 《石化绿色工艺名录（2019 年版）》

1. 半水-二水法/半水法湿法磷酸工艺

2. 酰胺类除草剂甲叉法生产工艺/咪唑啉酮类除草剂酯法生产工艺

3. 吡啶双定向氯化合成法三氯吡啶酚钠（三氯吡啶醇钠）工艺

4. 环合无磷氯化制 2-氯-5-氯甲基吡啶/吗啉丙醛法 2-氯-5-氯甲基吡啶工艺

5. 直接氧化法环氧丙烷/共氧化法环氧丙烷工艺

6. 甘油法环氧氯丙烷工艺

7. 干法脱氯化氢法生产氯化苯/对二氯苯/1,2,4-三氯苯工艺

8. 苯定向氯化-吸附分离生产间二氯苯/2,4-二氯苯乙酮工艺

9. 异丁烯/叔丁醇氧化法甲基烯丙醇/甲基丙烯酸甲酯生产工艺

10. 环己酮肟气相重排生产己内酰胺工艺

11. 全封闭高压水淬渣及无二次污染磷泥处理黄磷生产工艺

12. 铬铁碱溶氧化制重铬酸盐工艺/离子膜电解制铬酸酐工艺

13. 气动流化塔连续液相氧化法高锰酸钾/铬盐生产工艺

14. 无水氟化铝生产工艺

15. 转炉焙烧-热化塔溶浸-列管制硫化钠/薄膜蒸发制硫化钠工艺

16. 高热稳定性不溶性硫黄连续法工艺技术

17. 氯化法钛白粉生产工艺

18. 无汞化（乙烯法/无汞电石法）聚氯乙烯/乙烯法醋酸乙烯生产工艺

19. 微通道自动化生产工艺

20. 连续式干法过碳酸钠生产工艺

21. 气-固相法氯化高聚物生产工艺

22. 无水催化后氯化法生产 2,4-二氯苯氧乙酸（2,4-D）工艺

23. 贵金属催化氢化法合成对苯二胺类防老剂 6PPD 工艺

绿色设计产品评价技术系列规范发布。为加快推动绿色制造体系建设，引领相关领域工业绿色转型，工业和信息化部组织绿色制造体系建设示范创建工作。到 2019 年年底，工业和信息化部发布的最新绿色设计产品标准清单中包括 66 项标准，其中国家标准 4 项、团体标准 62 项。该系列标准基于产品生命周期评价方法学，评价指标主要包括资源属性指标、能源属性指标、环境属性指标和品质属性指标 4 类，目标是遴选出行业领先的前 20%的产品。该系列标准是绿色设计产品评价的重要依据，绿色设计产品评价采用"自我声明+后市场监管"的方式。企业依据该系列标准开展产品自我评价，并进行自我声明和申报，由地方工业和信息化主管部门逐级推荐，最后由工业和信息化部发布，列入绿色设计产品名录（表 11-2）。

表 11-2 2019 年绿色设计产品标准清单

序号	标准名称		标准号
1	绿色设计产品评价技术规范	聚酯涤纶	T/CNTAC 33—2019
2	绿色设计产品评价技术规范	巾被织物	T/CNTAC 34—2019
3	绿色设计产品评价技术规范	皮服	T/CNTAC 35—2019
4	绿色设计产品评价技术规范	羊绒产品	T/CNTAC 38—2019
5	绿色设计产品评价技术规范	毛精纺产品	T/CNTAC 39—2019
6	绿色设计产品评价技术规范	针织印染布	T/CNTAC 40—2019

11.2 上市公司环境信息披露

发布《2017 年度上市公司环境信息披露评估报告》。该报告由生态环境部环境规划院编写完成，跟踪评估证监会和生态环境部近一两年推动上市公司环境信息披露工作的进展与成效。针对沪深 A 股中属重点排污单位的上市公司及其重要子公司，收集分析其 2017 年年度报告和 2018 年半年度报告中披露的环境信息，对定期报告环境信息披露合规性进行跟踪评价；同时，基于各级环保部门环境行政处罚信息，评估上市公司定期报告及临时报告中重大环境行政处罚信息披露的真实性与完整性，最终提出完善建议。

研究发现，相较于 2016 年，2017 年上市公司定期报告环境信息披露水平有了显著提高。2016 年上市公司环境信息披露水平整体较差，有半数以上的上市公司年报中无环境信息披露或者只有极少量的环境信息披露，信息披露合格（9 项环境信息中披露了 8 项及以上）的上市公司仅占总数的 1/4。2017 年上市公司环境信息披露水平有了极大提高，披露满分的公司占比高达 40.85%，虽然仍有部分公司无信息披露或信息披露极少，但这类公司占比已大幅减少。这说明随着时间的推进、政策的普及和监管力度的不断加强，上市公司环境信息披露情况有了极大的改善。

上市公司重大环境行政处罚披露严重不足仍是环境信息披露存在的主要问题。有相关信息披露的公司占受到重大环保行政处罚的公司总数的比例不足 5%，合格公司数仅占 2.79%；公司的规模与其环境行政处罚信息披露水平也严重不匹配，合格公司的总资产仅占上市公司资产总数的0.31%。没有披露重大环境行政处罚信息的也并未影响上市公司的日常经营活动，未披露公司的股票增发数量和债券发行量的公司数量都远高于环境行政处罚信息披露合格的公司。通过对上市公司的采访发现，上市公司环境信息披露严重不足的最主要原因是上市公司对环境行政处罚重视不足。许多上市公司以罚款数额占公司总资产的比例作为判断行政处罚是否重大的依据，由于上市公司的资产数额庞大，环境行政处罚的罚款对于公司而言仅是九牛一毛，完全不会影响公司的正常运营，因而公司也并不重视环境行政处罚。

发布《2017 年上市公司环境绩效评估报告》。 该报告由生态环境部环境规划院编写完成。基于我国环境管理中的在线监测数据、监督性监测数据和企业环境违法数据，建立了由目标层（企业环境表现指标体系）、准则层（在线监测系统、监督性监测系统、企业环境违法处罚系统）、指标层（企业环境表现评估二级指标）组成的阶梯层次模型，并构建相关指标体系。从企业超标频率、企业超标程度、企业违法频率、企业违法程度等多个方面对企业环境绩效进行了综合、全面的评价。

研究表明，本次评估中涉及的 976 家上市公司（包含母公司及其子公司），其环境绩效平均分为 83.08 分（满分 100 分），标准差为 10.69。总体来看，企业的环境绩效水平良好，但环境绩效在不同企业间的差异非常大，在所有评价企业中，有部分表现非常良好的企业能得到满分，而总得分最低的企业仅有 32 分。为了更清晰地展示企业环境绩效得分的分布情况，在所有的 10 项措施层指标中，平均分最高的是"重大违法处罚次数"，为 7.91 分，其次分别为"监督性监测超标次数"和"违法处罚次数"，这两项指标的平均分分别为 6.78 分和 6.59 分，同时这 3 项指标的标准差相对较小，分别为 1.74、1.96 和 1.85，不难发现，平均分最高的 3 项指标分别来自环境违法处罚系统和监督性监测系统，这表明存在违规现象的企业违规程度总体较低；相应地，平均得分最低的 3 项指标分别为"企业最大超标倍数""罚款总金额"以及"企业平均超标倍数"，其平均得分均在满分（10 分）的一半以下，分别为 4.39 分、4.65 分和 4.90 分，这 3 项指标中有两项均来自在线监测系统，而在线监测系统中的另外两项指标"年度超标率"和"最大连续超标时长"的平均得分分别为 6.15 分和 6.35 分，相对而言得分较高，这说明虽然总体来讲以"最大连续超标时长"和"年度超标率"表征的企业超标频率方面表现良好，但其超标的程度较为严重，需要得到进一步的治理与改善。

11.3 节能环保"领跑者"制度

工业和信息化部、市场监督管理总局联合组织开展了 2019 年度重点用能行业能效"领跑者"遴选工作。为促进工业能源利用效率持续提升、推动制造业高质量发展，按照《高耗能行业能效"领跑者"制度实施细则》（工信部联节〔2015〕407 号）的要求，工业和信息化部、国家市场监督管理总局于 2019 年 11 月发布了《关于组织开展 2019 年度重点用能行业能效"领跑者"遴选工作的通知》（工信厅联节函〔2019〕235 号），按照通知要求，工业和信息化部会同国家市场监督管理总局组织开展了重点用能行业能效"领跑者"企业遴选工作，综合考虑行业能源消费量、节能潜力、能源计量统计基础、能效标准等情况，经地方和行业协会推荐、专家评审，确定了 2019 年度钢铁、电解铝、铜冶炼、乙烯、原油加工、合成

氨、甲醇、电石、烧碱、焦化、水泥、平板玻璃等行业拟入选的能效"领跑者"和入围企业名单（表 11-3）。

表 11-3　2019 年度重点用能行业能效"领跑者"和入围企业名单

钢铁行业			
序号	企业	单位产品工序能耗/（kgce[①]/t）	备注
烧结工序			
1	宝钢湛江钢铁有限公司	43.93	领跑者
2	江苏沙钢集团有限公司	44.50	入围企业
转炉工序			
3	江苏沙钢集团有限公司	−30.80	领跑者
4	南京钢铁股份有限公司	−30.70	入围企业
电解铝行业			
序号	企业	单位产品工序能耗/（kW·h/t）	备注
1	山东宏桥新型材料有限公司	12 593	领跑者
铜冶炼行业			
序号	企业	单位产品工序能耗/（kgce/t）	备注
1	云南铜业股份有限公司西南铜业公司	224.64	领跑者
乙烯行业			
序号	企业	单位产品工序能耗/（kgoe[②]/t）	备注
1	中国石油化工股份有限公司茂名分公司	497.90	领跑者
2	中国石油化工股份有限公司镇海炼化分公司	518.59	领跑者

原油加工行业

序号	企业	单位产品工序能耗/（kgoe/t·因数）	备注
1	中国石油化工股份有限公司广州分公司	6.81	领跑者
2	中化泉州石化有限公司	6.88	领跑者

合成氨行业

序号	企业	单位产品工序能耗/（kgce/t）	备注
	以优质无烟块煤为原料		
1	河南心连心化学工业集团股份有限公司	1 073	领跑者
2	安徽昊源化工集团有限公司	1 105	入围企业
3	山东华鲁恒升化工股份有限公司	1 303	入围企业
	以非优质无烟块煤为原料		
4	河南骏化发展股份有限公司	1 164	领跑者
5	智胜化工股份有限公司	1 187	入围企业
6	湖北三宁化工股份有限公司	1 248	入围企业
	以烟煤（包括褐煤）为原料		
7	河南心连心化学工业集团股份有限公司	1 216	领跑者
8	江苏华昌化工股份有限公司	1 239	入围企业
9	灵谷化工有限公司	1 340	入围企业
	以天然气为原料		
10	四川天华股份有限公司	1 012	领跑者

甲醇行业			
序号	企业	单位产品工序能耗/（kgce/t）	备注
煤制甲醇			
1	山东华鲁恒升化工股份有限公司	1 370	领跑者
2	安徽晋煤中能化工股份有限公司	1 388	领跑者
3	安徽昊源化工集团有限公司	1 394	入围企业
天然气制甲醇			
4	中海石油建滔化工有限公司	1 136	领跑者

电石行业			
序号	企业	单位产品工序能耗/（kgce/t）	备注
1	新疆中泰矿冶有限公司	778	领跑者

烧碱行业			
序号	企业	单位产品工序能耗/（kgce/t）	备注
1	新疆圣雄氯碱有限公司	284	领跑者
2	宜宾海丰和锐有限公司	295	领跑者
3	滨化集团股份有限公司	295	领跑者
4	万华化学（宁波）氯碱有限公司	297	入围企业

焦化行业			
序号	企业	单位产品工序能耗/（kgce/t）	备注
1	山东荣信集团有限公司	94.3	领跑者
2	河南中鸿集团煤化有限公司	100.6	领跑者
3	中国平煤神马集团许昌首山化工科技有限公司	102.9	领跑者
4	宝钢湛江钢铁有限公司	103.3	入围企业

水泥行业

序号	企业	单位产品工序能耗/（kgce/t）	备注
1	文山海螺水泥有限责任公司	94.13	领跑者
2	库车红狮水泥有限公司	94.40	领跑者
3	广灵金隅水泥有限公司	94.60	领跑者
4	叶城天山水泥有限责任公司	94.80	领跑者
5	泰安中联水泥有限公司	95.97	领跑者
6	喀什天山水泥有限责任公司	97.30	入围企业
7	克州天山水泥有限责任公司	97.70	入围企业
8	重庆海螺水泥有限责任公司	97.71	入围企业
9	安丘山水水泥有限公司	98.22	入围企业
10	临澧冀东水泥有限公司	98.40	入围企业
11	青海互助金圆水泥有限公司	98.80	入围企业
12	西藏昌都高争建材股份有限公司	99.74	入围企业
13	廉江市丰诚水泥有限公司	100.19	入围企业
14	济宁海螺水泥有限责任公司	100.68	入围企业
15	阳新娲石水泥有限公司	100.72	入围企业
16	潞城市卓越水泥有限公司	100.73	入围企业
17	吉林金隅冀东环保科技有限公司	101.25	入围企业
18	中材株洲水泥有限责任公司	101.39	入围企业
19	华新水泥（富民）有限公司	103.22	入围企业
20	华新水泥（株洲）有限公司	103.59	入围企业

序号	企业	单位产品工序能耗/ （kgce/t）	备注
21	安阳中联水泥有限公司	103.61	入围企业
22	湖州槐坎南方水泥有限公司	103.75	入围企业
23	唐县冀东水泥有限责任公司	103.91	入围企业
24	梅州市塔牌集团蕉岭鑫达旋窑水泥有限公司	104.15	入围企业
25	登封市嵩基水泥有限公司	104.35	入围企业
26	冀东海天水泥闻喜有限责任公司	103.93	入围企业
平板玻璃行业			
序号	企业	单位产品工序能耗/ （kgce/重量箱）	备注
1	台玻咸阳玻璃有限公司	11.00	领跑者

注：①ce：表示以标准煤计；

②oe：表示以标准油计。

中国标准化研究院发布了 2019 年企业标准"领跑者"名单。2018 年
6 月，国家市场监督管理总局等 8 个部门联合发布了《关于实施企业标准
"领跑者"制度的意见》，计划到 2020 年在消费品、装备制造、服务业等领
域分别形成 1 000 个、500 个和 200 个企业标准"领跑者"。意见中明确提
出企业标准"领跑者"是以企业产品和服务标准自我声明公开为基础，通
过发挥市场的主导作用，调动第三方评估机构开展企业标准水平评估，发
布企业标准排行榜，确定标准"领跑者"，建立多方参与、持续提升、闭环
反馈的动态调整机制。2019 年，在国家市场监督管理总局的指导以及企业
标准"领跑者"工作机构——中国标准化研究院的组织协调下，第三方评
估机构围绕年初国家市场监督管理总局确定的重点领域，按照程序要求，
依据评估方案确定的核心指标和评估方法，基于企业声明公开的企业标准，

开展了企业标准水平评估，按照核心指标高于国家标准及行业标准的原则形成各类产品单指标排行榜，采用加权评分法或星级评价法等方法综合评估产生 2019 年度企业标准"领跑者"入围名单，在获得入围企业承诺书、检测报告并核查是否存在诚信记录、质量抽检记录及环保违法记录的基础上，确定企业标准"领跑者"公示名单，公示期间无异议的进入 2019 年度第一批企业标准"领跑者"名单。该名单由相应领域的第三方评估机构发布，并由工作机构根据评估机构在企业标准"领跑者"统一信息平台中发布的信息汇总形成，名单中的排序不分先后。

发改、水利、住建、市场监管多部门联合开展坐便器水效"领跑者"引领行动。 为提高用水产品水效，促进节水器具推广，增强全民节水意识，国家发展改革委、水利部、住房和城乡建设部、国家市场监督管理总局印发了《关于印发〈坐便器水效"领跑者"引领行动实施细则〉的通知》（发改环资规〔2019〕1169 号），组织各地开展 2019 年度坐便器水效"领跑者"产品初评工作。按照实施细则，国家发展改革委、水利部、住房和城乡建设部、国家市场监督管理总局联合开展 2019 年坐便器水效"领跑者"遴选工作，经第三方机构组织专家对各地推荐的坐便器产品进行评选，形成了拟推荐名单并予以公示（表 11-4）。

表 11-4　2019 年坐便器水效"领跑者"产品拟推荐名单

序号	企业名称	品牌	型号
单冲式坐便器			
1	恒洁卫浴集团有限公司	恒洁（HEGII）	HC0142DT01（坑距 305 mm）
2	东陶（中国）有限公司	TOTO	CSW706RBT305-708RB
3	东陶（中国）有限公司	TOTO	CSW788CBT305
4	东陶（中国）有限公司	TOTO	CW188CBT305

序号	企业名称	品牌	型号
双冲式坐便器			
1	恒洁卫浴集团有限公司	恒洁（HEGII）	HC0169PT01（坑距 400 mm）
2	恒洁卫浴集团有限公司	恒洁（HEGII）	HC0171PT01（坑距 305 mm）
3	惠达卫浴股份有限公司	HUIDA	HDC6209A
4	佛山市法恩洁具有限公司	FAENZA	FB16128L
5	佛山市法恩洁具有限公司	FAENZA	FB1655L
6	佛山市法恩洁具有限公司	FAENZA	FB1655M
7	佛山市法恩洁具有限公司	FAENZA	FB16128M
8	东陶（中国）有限公司	TOTO	CW195B
9	佛山市高明安华陶瓷洁具有限公司	ANNWA	aB1348L
10	佛山市高明安华陶瓷洁具有限公司	ANNWA	aB1348M
11	广东乐华家居有限责任公司	ARROW	AB1183L
12	广东乐华家居有限责任公司	ARROW	AB1183M
13	佛山市高明安华陶瓷洁具有限公司	ANNWA	NL109L
14	广东乐华家居有限责任公司	ARROW	AB1295L
15	广东乐华家居有限责任公司	ARROW	AB1295M
16	佛山市高明安华陶瓷洁具有限公司	ANNWA	NL109M
17	东陶（中国）有限公司	TOTO	CSW982CBT305
18	惠达卫浴股份有限公司	HUIDA	HDC6215A
19	惠达卫浴股份有限公司	HUIDA	HDC6285B

　　水利部、国家发展改革委联合公布灌区水效"领跑者"名单。为深入推进《国家节水行动方案》，水利部、国家发展改革委依据《灌区水效领跑者引领行动实施细则》（水农〔2016〕387 号），组织开展了灌区水效"领

跑者"引领行动申报活动，2019 年两部委遴选和公布了具备引领示范、典型带动效应的 8 处灌区为区域灌区水效"领跑者"，通过激励获得水效"领跑者"的单位再接再厉、继续加大节水工作力度、切实发挥行业标杆领跑作用，引导各地各单位认真学习水效"领跑者"的先进经验，广泛开展水效对标、达标活动，不断提高水效水平，为深入推进节水型社会建设做出新的贡献（表 11-5）。

表 11-5　2019 年灌区水效"领跑者"名单

序号	灌区	序号	灌区
1	甘肃昌马灌区	5	河南打磨岗灌区
2	新疆生产建设兵团二师十八团渠灌区	6	山东潘庄灌区
3	陕西石头河灌区	7	江苏周桥灌区
4	湖南韶山灌区	8	山西夹马口灌区

河北省积极开展重点行业环保"领跑者"申报遴选工作。2018 年 12 月，河北省生态环境厅印发了《河北省重点行业环保"领跑者"申报遴选工作实施细则》（以下简称《实施细则》），落实差别化环境政策，有效加快重点行业绿色转型和高质量发展，推动环保"领跑者"政策尽快落地。河北省明确了"领跑者"遴选行业，只针对《实施细则》中列出的七大行业：水泥、钢铁、玻璃、焦化、垃圾发电、碳素生产及供热发电，其他行业的遴选工作视河北省实际情况另行开展，原则上每两年评选一次。

天津市启动评选环保"领跑者"。天津市生态环境局于 2019 年 9 月开始评选天津市环境保护企业"领跑者"并发布了《天津市环境保护企业"领跑者"制度实施办法（试行）》及《关于评选 2019 年天津市环境保护企业"领跑者"的公告》。建立环境保护企业"领跑者"制度，核心是在打好污染防治攻坚战的同时，优化营商环境，压实企业治污主体责任。关键是推进两个转变：一是推动环境管理从"底线约束"向"底线约束"与"先进带动"并重转变；二是推动企业从"被动治污"向"主动治污"转变。环境保护企业"领跑者"每年遴选发布一次，有效期为 1 年，但出现问题则称号立刻取消。"领跑者"是各行业内生产工艺技术先进、污染治理处于领先水平、生态环境保护管理科学规范的企业。按照行业划分进行横向对比，比较复杂的如石化类企业，污染当量的比较是遴选过程中的重要指标。"领跑者"企业将享受到资金支持、限产减排、执法检查等方面多项优惠政策。天津市生态环境局综合处处长李志军表示，在环境保护企业"领跑者"申报生态环境保护相关专项时，可优先入库、优先评审。对于满足生态环境部重污染天气重点行业应急减排措施要求的，在重污染天气应急期间不列入停限产清单，同时，还会适当降低生态环境保护执法检查频次。以此引导激励企业积极开展技术创新、清洁生产、污染治理，从源头削减污染物。

江苏省发布 2019 年企业标准"领跑者"名单。2019 年 8 月以来，江苏省市场监管局在大闸蟹、碳纤维、光伏、LED 灯具、净水机、眼镜片六大领域组织开展 2019 年江苏省企业标准"领跑者"遴选工作。通过国家"企业标准信息公共服务平台"共收集到江苏省六大领域 278 个企业标准，经评选，最终确定 13 家企业 14 个标准作为江苏省相关领域企业标准"领跑者"。目前，企业标准"领跑者"名单已经由第三方评估机构发布。江苏省将企业标准"领跑者"工作列入了省市场监管局年度重点工作，通过高水平标准引领，增加中高端产品和服务有效供给，支撑高质量发展的鼓励性政策，对深化标准化工作改革和供给侧结构性改革、推动经济新旧动能转换、和培育一批具有创新能力的排头兵企业具有重要作用。通过开展企业标准"领跑者"遴选工作，引导企业积极制定、实施先进标准，促进创新科技成果转化为标准，加强先进标准供给，加快培育一批达到国际国内先进水平的"江苏精品"标准，充分发挥企业标准"领跑者"的示范引领作用，为同行业提供标杆，为消费者提供指引，培育以技术、标准、质量为核心的竞争新优势，引领产业转型，推动江苏经济高质量发展。

浙江省首批服务业"领跑者"名单出炉。 2019 年浙江省正式发布了现代物流业、科技服务业"亩产效益""领跑者"名单，这是浙江首次探索开展服务业"亩产效益"综合评价的重要成果。全省 78 家企业入围首批服务业"领跑者"名单，包括 46 家现代物流业入围企业和 32 家科技服务业入围企业。"亩均论英雄"作为浙江省推动资源要素向优质高效领域集中的有效措施，已经从工业领域向服务业领域拓展。2019 年年初，全省所有县（市、区）全面开展服务业重点行业"亩产效益"综合评价，其中杭州、宁波、金华及其所辖县（市、区），服务业强县（市、区）试点地区率先开展所有服务行业"亩产效益"综合评价。评价结果将用于制定完善精准扶持政策，根据企业综合评价结果分类确定土地出让起始价，依法依规实行分类分档的差别化城镇土地使用税减免，制定分类分档的差别化租金补贴政策，建立企业综合评价结果与金融机构的共享制度，支持金融机构实施差别化信贷政策等。省发展改革委将进一步研究完善服务业"亩产效益"综合评价相关办法，建立更加科学完善的评价指标体系，为浙江服务业高质量发展奠定坚实基础。

11.4 环境信用评价

全国环境信用评价工作稳步推进。 我国 31 个省（区、市），除北京市外，共有 30 个省（区、市）开展了企业环境信用评价工作，23 个省（区、市）颁布了环境信用评价的相关规定，其中山西省在《企业环境信用评价办法（试行）》（环发〔2013〕150 号）（以下简称《办法》）颁发之前就已

193

经印发了《山西省企业环境行为评价实施办法》。上海沿用 2009 年印发的
《长江三角洲地区企业环境行为信息评价标准（暂行）》，浙江省于 2019 年
7 月发布《浙江省企业环境信用评价管理办法（征求意见稿）》，广东、云
南、青海都直接执行《办法》规定的评价指标和评价方法（表 11-6）。

表 11-6　企业环境信用评价政策文件汇总

区域	政策文件（以最新发布为准）	发布时间
全国	《企业环境信用评价办法（试行）》	2013 年 12 月
河北	《河北省企业环境信用评价管理办法（试行）》	2017 年 11 月
内蒙古（乌海）	《乌海市企业环境信用评价实施方案（试行）》[①]	2015 年
辽宁	《辽宁省企业环境信用评价管理办法（修订）》	2018 年 1 月
吉林	《吉林省企业环境信用评价方法（试行）》	2017 年 12 月
黑龙江	《黑龙江省企业环境信用评价暂行办法》	2017 年 12 月
山西	《山西省企业环境行为评价实施办法》	2011 年 3 月
浙江	《浙江省企业环境信用评价管理办法（征求意见稿）》	2019 年 7 月
江苏	《江苏省企业环保信用评价暂行办法》	2018 年 12 月
安徽	《安徽省企业环境信用评价实施方案》	2017 年 3 月
福建	《福建省企业环境信用动态评价实施方案（试行）》	2018 年 12 月
江西	《江西省企业环境信用评价及信用管理暂行办法》	2017 年 10 月
山东	《山东省企业环境信用评价办法》	2018 年 5 月
河南	《河南省企业环境信用评价管理办法（试行）》	2015 年 9 月
河南	《河南省企业事业单位环保信用评价管理办法》	2018 年 7 月
湖北	《湖北省企业环境信用评价办法（试行）》	2017 年 2 月
湖南	《湖南省企业环境信用评价管理办法》	2015 年 2 月

区域	政策文件（以最新发布为准）	发布时间
重庆	《重庆市企业环境信用评价办法》	2017 年 10 月
四川	《四川省企业环境信用评价指标及计分方法（2016 年版）》	2016 年 12 月
贵州	《贵州省企业环境信用评价指标体系及评价办法（试行）》	2018 年 5 月
	《贵州省环境保护失信黑名单管理办法（试行）》	2015 年 10 月
西藏	《西藏自治区企业环境信用等级评价办法（试行）》	2014 年 8 月
陕西	《陕西省企业环境信用评价办法》及《陕西省企业环境信用评价要求及考核评分标准》	2015 年 12 月
甘肃	《甘肃省工业企业环境保护标准化建设暨环境信用评价工作方案（试行）》	2014 年
宁夏	《宁夏回族自治区企业环保信用评价及信用管理暂行办法》	2016 年 10 月
新疆	《新疆维吾尔自治区企业环境信用评价管理办法（试行）》	2018 年 9 月

注： ① 未查到内蒙古自治区级别的文件。

数据来源：根据《企业环保信用评价政策实施评述》和网上资料整理。

地方实践的环境信用评价范围存在差异。四川省将国家重点监控企业、省和市（州）重点监控企业、产能严重过剩行业内企业等 10 类企业，以及火电、钢铁、水泥、煤炭等 17 类重污染行业内企业，191 个产业园区的工业企业，全部纳入企业环境信用评价范围。上海市企业环境信用评价工作将参评企业划分为市重点排污单位和年度内有过一定程度环境行政处罚的企业这两类。重庆市共列举了 15 类必须参与企业环境信用评价的企业，其中包括"环境影响评价、环境监测等领域的环境服务机构"，并鼓励未纳入范围的企业、个体工商户自愿申请参评。吉林、山东、湖南等省的参评企业则为全省行政区域内的所有企业。河北、内蒙古、江苏、湖北、宁夏等省（区）将国控、省（区）控和市控重点排污单位全覆盖；河南、新疆等省（区）还分别将辐射类企业、从事环境服务的企业也一并列

入。甘肃省则是由省级生态环境部门按年度确定全省参评企业数量，具体企业名单由各市、州生态环境主管部门确定（表 11-7）。

表 11-7　企业环境信用评价参评企业范围

区域	评价范围	区域	评价范围
全国	污染物排放总量大、环境风险高、生态环境影响大的企业	河南	全省国控、省控重点监控企业和辐射类企业
河北	重点排污单位（国家级、省级、市级）以及受到环境行政处罚处理的未在重点排污单位内的企业	湖北	国控、省控、市控重点排污企业
内蒙古（乌海）	区级以上（含）重点监控企业；10 类重点行业企业；上一年度发生较大及以上突发环境事件的企业等	湖南	全省范围内企业
辽宁	污染物排放总量大、环境风险高、生态环境影响大的企业；实际操作时，2018 年参评企业范围为火电、造纸、水泥 3 个行业的相关企业	重庆	污染物排放总量大、环境风险高、生态环境影响大的企业
吉林	辖区内企业	四川	①
黑龙江	重点排污单位	贵州	②
江苏	设区的市级以上生态环境主管部门确定的重点排污单位；列入污染源日常监管的单位；纳入排污许可管理的单位；卫生、社会与服务业有污染物排放的单位；产生环境行为信息的单位	西藏	污染物排放总量大、环境风险高、生态环境影响大的 9 类企业
安徽	污染物排放总量大、环境风险高、生态环境影响大的企业	陕西	4 市 202 家国家重点监控企业（2019 年度）

区域	评价范围	区域	评价范围
福建	污染物排放总量大、环境风险高、生态环境影响大、环境违法问题突出的企业	甘肃	省级生态环境主管部门按年度确定全省开展环境保护标准化建设和环境信用评价工作的企业数量，各市、州生态环境主管部门按照省级生态环境主管部门确定的辖区开展试点企业的数量，具体确定试点企业名单，报省级生态环境主管部门审核后，由省级生态环境主管部门统一公布，并通报给有关部门
江西	评价年度生态环境部下达的重点排污单位名单所列企业	宁夏	国控、区控重点企业和地方重点企业
山东	本省行政区域内企业	新疆	纳入排污许可管理的排污单位、从事环境服务的企业和其他应当纳入环境信用评价的企业
青海	本省重点排污单位	广东	1 200 家国家重点监控企业（2018年度）

注：①未查到政策原文，范围未知；②政策文件中未涉及。

项目环评信用监管体系已基本构建。 为落实新修改的《中华人民共和国环境影响评价法》，深化环境影响评价领域"放管服"改革，2019年9月，生态环境部公布《建设项目环境影响报告书（表）编制监督管理办法》，并于2019年11月1日起施行。为确保该办法的顺利实施，生态环境部还配套建设了1个平台、配发3份文件，加快形成以质量为核心、以公开为手段、以信用为主线的建设项目环境影响报告书（表）编制监管体系。下一步，生态环境部将组织地方各级生态环境主管部门认真落实监管职责，继续狠抓环境影响报告书（表）编制质量，加强抽查与复核，完善信用监管体系。对存在的问题公开曝光并依法严惩，落实建设单位主体责任，对有关单位与人员实施"双罚制"，推动行业健康有序发展。

全国环境影响评价信用平台启动。根据《建设项目环境影响报告书（表）编制监督管理办法》相关要求，生态环境部已建设完成全国统一的环境影响评价信用平台（以下简称信用平台）。信用平台于 2019 年 11 月 1 日启用。该信用平台是生态环境部网站下链接的一个板块，信用平台向建设单位和社会公众开放建设项目环境影响报告书（表）编制单位和编制人员的诚信档案相关信息。按照办法规定，建设项目环境影响报告书（表）的编制单位和编制人员应当通过信用平台提交本单位、本人以及编制完成的环境影响报告书（表）基本情况信息。设区的市级以上生态环境主管部门应在作出失信记分决定后 5 个工作日内，将相关信息上传至信用平台（图 11-1）。

图 11-1　环境影响评价信用平台

江苏省出台环保信用评价办法。江苏省生态环境厅、江苏省发展改革委、江苏省市场监督管理局三部门联合出台《江苏省企事业环保信用评价

198

办法》，自 2020 年 1 月 1 日起施行。该评价办法是江苏省 2013 年出台的评价办法的升级版。根据新的评价办法，江苏省各地生态环境部门信息录入期限由自信息产生之日起 15 个工作日缩短为 5 个工作日，企事业环保信用评价实行 12 分动态记分制，并将扣分项中的类别和分值进行了优化调整。生态环境主管部门将对环保信用等级为绿色的企事业单位建立定期公布机制、坚持信任保护原则、降低随机抽查频次、合理简化审批程序、优先安排补助资金、执行管控豁免等政策。对红色、黑色等级则实施差别水电费、差别信贷、一票否决等联合惩戒措施。

11.5 绿色供应链管理

11.5.1 体系建设不断完善

绿色供应链建设融入国家重大发展战略。2019 年 2 月，中共中央、国务院印发的《粤港澳大湾区发展规划纲要》，要求加快制造业绿色改造升级，重点推进传统制造业绿色改造、开发绿色产品，打造绿色供应链。大力发展再制造产业。2019 年 4 月，推进"一带一路"建设工作领导小组办公室发表的《共建"一带一路"倡议：进展、贡献与展望》报告，指出"中国愿与沿线各国开展生态环境保护合作，建设一批绿色产业合作示范基地、绿色技术交流与转移基地、技术示范推广基地、科技园区等国际绿色产业合作平台，打造'一带一路'绿色供应链平台"。2019 年 5 月，中共中央办公厅、国务院办公厅印发的《数字乡村发展战略纲要》，要求深化乡村邮政和快递网点普及，加快建成一批智慧物流配送中心。建设绿色供应链，推广绿色物流。推动人工智能、大数据赋能农村实体店，促进线上线下渠道融合发展。

加快推动绿色制造体系建设。实施绿色制造工程是我国制造业实现绿

色发展的重要举措。为贯彻落实《工业绿色发展规划（2016—2020 年）》
和《绿色制造工程实施指南（2016—2020 年）》、促进制造业高质量发展、
持续打造绿色制造先进典型、引领相关领域工业绿色转型、加快推动绿色
制造体系建设，2019 年 9 月，工业和信息化部公布第四批绿色制造名单，
包括 602 家绿色工厂、371 种绿色设计产品、39 家绿色园区、50 家绿色供
应链管理示范企业。自 2017 年启动该项工作以来，截至 2020 年共有 1 402
家绿色工厂、1 097 种绿色设计产品、119 家绿色园区、90 家绿色供应链管
理示范企业被列入绿色制造名单，为工业绿色转型发挥了引领带动作用
（表 11-8）。

表 11-8　2017—2020 年绿色制造名单

绿色制造分类	第一批	第二批	第三批	第四批	累计
绿色工厂/家	201	208	391	602	1 402
绿色设计产品/种	193	53	480	371	1 097
绿色园区/家	24	22	34	39	119
绿色供应链管理示范企业/家	15	4	21	50	90

加大力度推动绿色商场创建。为贯彻落实习近平生态文明思想和党的
十九大精神，根据国家发展改革委《关于印发〈绿色生活创建行动总体方
案〉的通知》（发改环资〔2019〕1696 号）的要求，商务部会同国家发展
改革委制定了《绿色商场创建实施工作方案（2020—2022 年度）》（商办流
通函〔2019〕417 号），要求围绕建立绿色管理制度、推广应用节能设施设
备、完善绿色供应链体系、开展绿色服务和宣传、倡导绿色消费理念、开
展绿色回收 6 个方面，开展绿色商场创建工作，到 2022 年年底，力争全国

40%以上的大型商场初步达到创建要求。

不断加大绿色采购力度。一是政府绿色采购政策迎来重大调整。2019年2月，财政部、国家发展改革委、生态环境部、国家市场监管总局联合出台《关于调整优化节能产品、环境标志产品政府采购执行机制的通知》（财库〔2019〕9号），以落实"放管服"改革要求，完善政府绿色采购政策，简化节能（节水）产品、环境标志产品政府采购执行机制，优化供应商参与政府采购活动的市场环境，明确要求对于已列入品目清单的产品类别，采购人可在采购需求中提出更高的节约资源和保护环境要求，对符合条件的获证产品给予优先待遇。二是国家邮政局部署开展行业绿色采购试点工作。2019年6月，国家邮政局印发《行业绿色采购试点工作方案》，选取顺丰、中通、申通、京东4家快递企业试点实施绿色采购，推动建设绿色采购体系。方案部署了4项重点工作任务：①制定绿色采购制度。明确企业的绿色采购责任部门、实施程序、管理规范等。针对需要采购的不同品类，建立企业绿色采购标准工作体系，实现清单式管理。②建立健全绿色供应商管理名录库。供应商投标入围应符合现行快递封装用品有关标准和其他相关环保标准。对不符合标准的产品，企业应采取措施禁止或者限制采购使用。③健全绿色采购反馈评价机制。探索完善包装采购使用情况反馈机制，完善绿色采购合同履行过程中的检验和争议处理机制，强化绿色采购信息公开。④注重绿色采购技术和模式创新。综合运用数据统计和分析等方法，为制定和完善绿色采购政策提供数据支持和分析依据。大力推行智能化、信息化技术和手段，强化绿色采购技术创新和科技研发，加强新技术、新模式的推广应用。

加快推动国家物流高质量发展与绿色物流建设。2019年3月，国家发展改革委、中央网信办、工业和信息化部等24个部门发布《关于推动物流高质量发展　促进形成强大国内市场的意见》（发改经贸〔2019〕352号），要求以绿色物流为突破口，带动上下游企业发展绿色供应链，使用绿色包装材料，推广循环包装，减少过度包装和二次包装，推行实施货物包装和物流器具绿色化、减量化。

着力推动绿色供应链金融发展。 2019 年 7 月，银保监会发布《关于推动供应链金融服务实体经济的指导意见》，指出金融机构应加强供应链金融创新与应用，提高服务实体经济质效。2019 年 9 月，兴业银行在国内率先制定并发布了《绿色供应链金融业务指引》，在明确绿色供应链金融概念的同时，界定了绿色供应链金融业务范畴，全面搭建绿色供应链金融产品体系，并从行业、客户等多方维度细化绿色供应链金融业务发展策略，有效提高了业务开展的可操作性。2020 年 1 月，中国绿色供应链联盟绿色金融专委会成立，标志着绿色金融支持制造业绿色供应链发展的跨界合作全面启动。

11.5.2 地方政策探索持续深化

山西等地积极推进绿色制造行动计划。 为推动工业绿色发展，2019 年多地积极出台措施推进绿色制造工程建设。浙江省印发的《2019 年绿色制造工程推进工作要点》，提出 2019 年要创建 10 个左右省级绿色园区和一批省级绿色工厂，力争创建一批国家级绿色园区、绿色工厂。山西省制定并印发《山西省绿色制造 2019 年行动计划》，紧紧围绕资源能源利用效率和清洁生产水平提升，以制造业绿色改造升级为重点，以示范试点和重点项目建设为抓手，加大政策支持力度，推动工业高效、清洁、低碳、循环和可持续发展。河南省新乡市多措并举，相继出台市级绿色制造新政，开展能效、水效"领跑者"行动、构建绿色制造体系等七大重点任务；积极开展绿色制造理念及新技术宣传、培训活动，加强绿色制造发展典型示范引领，以点带面加快绿色制造体系建设。福建省漳州市积极推动绿色制造工程建设，积极在纺织染整、化工等重点用水行业开展节水型企业创建工作。

山东省积极推动绿色商场创建。山东省按照商务部部署，扎实开展绿色商场创建。2019 年 7 月以省政府名义印发《关于拓展消费市场加快塑造内需驱动型经济新优势的意见》，2020 年 1 月又以省政府办公厅名义印发《关于印发贯彻国办发〔2019〕42 号文件重点任务 推进落实措施分工方案的通知》，通过绿色商场创建和《绿色商场》（SB/T 11135—2015）标准实施，推动全省商场（超市）传递绿色消费理念、应用绿色节能技术、推动绿色回收行动，促进传统实体零售创新转型和消费升级，推动商务高质量发展。截至 2019 年年底，山东省共创建绿色商场 18 家，数量居全国前列。

浙江省发布省级"绿色物流发展指数"。2019 年 3 月浙江省"绿色物流发展指数"正式发布，这是由联合国开发计划署执行的全球环境基金"浙江省绿色物流平台协作示范工程项目"的成果之一。全国首个省级"绿色物流发展指数"的常态化监测报送工作正式启动。"绿色物流发展指数"包括单位碳排放物流营收、单位碳排放物流增减值、亩均物流营收等 11 个评价指标，旨在全面评估物流行业绿色发展水平，目前，已针对浙江省内 400 余家不同规模的物流企业完成前期运行监测工作。"绿色物流发展指数"正式发布后，浙江省发展改革委将常态化开展指数监测、报送和发布工作。

11.5.3　机构研讨与经验分享不断推进

《中国制造业绿色供应链发展研究报告 2018》正式发布。2019 年 1 月由中国绿色供应链联盟副理事长单位工业和信息化部赛迪研究院研究编制的《中国制造业绿色供应链发展研究报告 2018》（以下简称《报告》）正式发布。《报告》以 5 年为时间轴，展示了中国制造业绿色供应链建设从无到有的发展过程。《报告》认为，绿色供应链对促进经济高质量发展的作用已

在政策层面形成共识，品牌企业对推动供应商重视绿色发展的影响力开始
强化，绿色采购在推动企业实施绿色供应链管理方面具有很大潜力。《报告》
还指出企业作为实施绿色供应链管理的主体，其实践还需进一步深入，建
议核心企业要切实起到引领带动作用。

第四届制造企业绿色供应链管理研讨会在北京召开。会议由工业和信
息化部国际经济技术合作中心主办，来自机械、汽车、电子电器等行业制造
企业、行业组织及科研机构等的代表参加会议。会上，相关机构和企业介绍
了在推广绿色供应链管理方面的相关经验和做法，中国绿色供应链联盟官方
网站也在会上宣布上线。

绿色供应链管理政策宣贯与技术创新研讨会在武汉召开。中国绿色供
应链联盟有关专家详细介绍了绿色供应链管理的相关政策、标准和技术，
施耐德电气、武汉格林美、千里马机械等部分企业代表围绕绿色供应链管
理战略、绿色采购、绿色生产、绿色物流与仓储、绿色回收等重要环节分
享了绿色供应链管理经验。

中国绿色供应链联盟年会在北京召开。该年会由工业和信息化部国际
经济技术合作中心主办，来自联盟成员单位以及有关政府机构、行业组织、
企事业单位的代表参加了会议。会上，中国绿色供应链联盟发布了《统一
绿色采购倡议书》《中国绿色供应链发展报告（2019）》，揭牌成立中国绿
色供应链联盟光伏专委会、中国绿色供应链联盟大型工程机械装备专委会、
中国绿色供应链联盟绿色金融专委会、中国绿色供应链联盟标识专委会，
并与 4 家单位签署战略合作协议；还举办了绿色供应链案例分享与政策宣
贯会，以及绿色供应链与光伏可持续发展、绿色金融支持绿色供应链创
新、大型工程装备绿色供应链研讨会，聚焦行业发展，推动绿色供应链
创新应用。

11.6 存在的问题与发展方向

11.6.1 存在的问题

行业环境经济政策尚未有效"落地开花",作为污染治理主体的企业节能减排内生动力有待进一步激活。 在采取经济激励与约束手段之后,企业宁愿罚款也不愿参与环境治理;企业环境信息披露机制与信用评价机制不健全,企业环境信息披露提供非对称的环境治理信息,没有充分践行环境治理和信息公开责任;国家出台了很多激励政策,但由于激励政策与监管机制不完善,极大地降低了资金的使用效率以及企业真正参与环境治理的积极性。《环境保护综合名录》对企业的发展指导有待加强,环境信息披露与信用管理平台尚未建立,环保"领跑者"制度尚未有效落地实施,绿色供应链管理仍处于探索试点阶段,企业通过多种形式全面参与环境治理的能力有待提高,企业节能减排的长效机制有待建立。公众生态环境参与意识与能力不够,绿色生活与消费未成为社会常态。

11.6.2 发展方向

进一步健全名录、清单制度,推进精准治污,建立基于名录的"双高"产品分级分类管理制度。 从环保和产业发展的综合角度出发,根据污染程度及淘汰机制可能带来的经济社会影响,环境管理的需要以及污染风险、环境管理水平等状况,对环保管理进行分级分类,提出哪些产品应该直接淘汰、哪些需要逐步淘汰、哪些需要限制产能扩张、哪些工艺需要升级、哪些企业需要简化执法,提高相关政策应用的针对性和有效性。

建立覆盖所有企业的环境信息强制性披露制度与企业环境信用评价制

度。先期建立和完善上市公司和发债企业强制性环境信息披露制度，明确生态环境信息强制性披露的覆盖领域、责任主体、披露范围、披露形式、披露内容、规范标准、配套体系等，形成相应的管理体系和技术体系、信息鉴别与应用体系，争取在"十四五"期间，建立覆盖所有涉污企业的生态环境信息强制性披露制度。

健全信用评价制度。建立基于信息披露的企业环境信用评价制度，设计评价标准与准则，引入第三方评价机构，分级建立企业环境信用评价体系，完善企业环境信用评价和违法排污"黑名单"制度，将环境违法企业纳入"黑名单"，将环境违法信息记入社会诚信档案，并向社会公开。分级建立企业环境信用评价体系，约束企业主动落实环保责任。

推进环保"领跑者"制度落地，推进绿色采购与供应。推广和实施绿色采购，完善绿色采购清单发布机制，优先采购经绿色产品认证、绿色能源制造认证的产品，鼓励金融机构针对生态保护地区建立符合绿色企业和项目融资特点的绿色信贷服务体系，持续推进能效、水效、环保"领跑者"制度，激励企业生产绿色产品，建立涂料、皮革、胶黏剂、复合板、油墨等行业的"领跑者"评价体系，制定财政及市场激励政策。

参考文献

[1] 国家统计局. 中国统计年鉴 2019[M]. 北京：中国统计出版社，2019.

[2] 国家统计局. 中国统计年鉴 2010[M]. 北京：中国统计出版社，2010.

[3] 高立，梅应丹. 对中国流域水污染防治专项资金设立和使用的思考[C]. 环境公共财税政策国际研讨会论文集，2009.

[4] 中国节能协会冶金工业节能专业委员会. 中国钢铁工业节能低碳发展报告 2019[R]. 2019.

[5] 中国产业研究院. 2019—2025 年中国脱硫脱硝行业市场深度分析与发展情景预测报告[R]. 2019.

[6] 杜丙照. 水资源费改税的实践探索与对策[J]. 中国水利，2019（23）：20-22.

[7] 孙玉坤. 我国水资源税改革过程中的问题与对策探析[J]. 中国物价，2019（10）：72-74.

[8] 刘洪先. 关于完善我国再生水利用价格体系的措施与建议[J]. 水利发展研究，2019，19（6）：3-5，28.

[9] 李梅. 水资源费改税成效、问题及对策——基于河北试点情况[J]. 地方财政研究，2019（4）：58-62.

[10] 戴向前，周飞，廖四辉. 扩大水资源税改革试点进展情况分析[J]. 水利发展研究，2019，19（3）：3-4，40.

[11] 杨曦，付长超. 税务总局：多项举措促进《资源税法》顺利落地[EB/OL]. 2019-08-27. http：//finance. people. com. cn/n1/2019/0827/c1004-31319860.html.

[12] 陈会娟. 我国环境税征收的现状及对策建议研究[J]. 中小企业管理与科技（下旬刊），2019（5）：93-94.

[13] 葛察忠，龙凤，等. 中国环境税收政策绿皮书：2018[M]. 北京：中国环境出版集团，

2019.

[14] 龙凤，张妷玉，葛察忠，等. 促进柴油货车污染防治的环境经济政策分析[J]. 环境保护，2019，47（18）：12-16.

[15] 董战峰，龙凤，胡天贶. 环境保护税政策实施状况与建议[J]. 中国国情国力，2020（1）：41-43.

[16] 赵砚. 绍兴流域水资源污染生态补偿标准及补偿机制研究[J]. 智库时代，2019（43）：174-176.

[17] 王宏利，周鹏. 创新生态补偿制度的着力点[J]. 开放导报，2019（5）：78-81.

[18] 郭丽芳. 政府与市场协同共建生态补偿机制路径探究[J]. 长春工程学院学报（社会科学版），2019，20（3）：1-4.

[19] 余陶然. 治理视角下跨省流域生态补偿协商机制构建——以新安江流域为例[J]. 法制与社会，2019（26）：141-142.

[20] 刘桂环，朱媛媛，文一惠，等. 关于市场化多元化生态补偿的实践基础与推进建议[J]. 环境与可持续发展，2019，44（4）：30-34.

[21] 曾贤刚，刘纪新，段存儒，等. 基于生态系统服务的市场化生态补偿机制研究——以五马河流域为例[J]. 中国环境科学，2018，38（12）：4755-4763.

[22] 国家环境经济政策研究与试点项目技术组. 国家环境经济政策进展评估报告：2017[J]. 中国环境管理，2018，10（2）：14-18.

[23] 董战峰，李红祥，璩爱玉，等. 长江流域生态补偿机制建设：框架与重点[J]. 中国环境管理，2017，9（6）：60-64.

[24] 国家环境经济政策研究与试点项目技术组. 国家环境经济政策进展评估报告：2016[J]. 中国环境管理，2017，9（2）：9-13.

[25] 国家环境经济政策研究与试点项目技术组. 国家环境经济政策进展评估报告：2017[J]. 中国环境管理，2018（2）：14-18.

[26] 王贺洋. 中国"洋垃圾"禁令的全球影响[J]. 生态经济，2018，34（6）：2-5.

[27] 边永民. 《美墨加协定》构建的贸易与环境保护规则[J]. 经贸法律评论，2019（4）：27-44.

[28] 蒋洪强，张伟，王金南，等. 从中美贸易顺差看"环境逆差"[J]. 环境，2018（5）：76-77.

[29] 申进忠. 生态环境损害赔偿制度待完善[J]. 法人，2020（1）：58-59.

[30] 范振林. 生态产品价值实现的机制与模式[J]. 中国土地，2020（3）：35-38.

[31] 刘瑾. 激励生态农业发展的环境经济政策分析[J]. 农机使用与维修，2020（9）：52-53.

[32] 生态环境部环境与经济政策研究中心重点学科简介——环境经济政策[J]. 环境与可持续发展，2020，45（4）：161.

[33] 生态环境部环境与经济政策研究中心举办第十五期中国环境战略与政策大讲堂——新形势下的全球环境治理[J]. 环境与可持续发展，2020，45（4）：150.

[34] 郝春旭，董战峰，葛察忠，等. 国家环境经济政策进展评估报告：2019[J]. 中国环境管理，2020，12（3）：21-26.

[35] 生态环境部环境与经济政策研究中心举办第十五期中国环境战略与政策沙龙：欧盟绿色新政进展及其影响和借鉴[J]. 环境与可持续发展，2020，45（3）：70.

[36] 吴舜泽，申宇，郭林青，等. 中国环境战略与政策发展进程、特点及展望[J]. 环境与可持续发展，2020，45（1）：34-36.

[37] 李志青. 环境保护与经济发展：历史回顾和未来展望[J]. 世界环境，2020（1）：67-70.

[38] 秦罗金，石虹. 环境经济政策促进"双高"产品退出市场经验——以贵州省为例[J]. 生产力研究，2019（12）：110-113.

[39] 璩爱玉，董战峰，李红祥，等. "十三五"环境经济政策建设规划中期评估研究[J]. 中国环境管理，2019，11（5）：20-25.

[40] 李海棠. 全球城市环境经济政策与法规的国际比较及启示[J]. 浙江海洋大学学报（人文科学版），2019，36（5）：28-36.

[41] 曹云飞，潘文岚. 浅析生态文明建设中环境法律体系的构建[J]. 理论经纬，2017：

150-158.

[42] 刘刚. 环境经济政策的演进与治理逻辑策略探讨[J]. 中小企业管理与科技（下旬刊），
2019（7）：48-49.

[43] 殷佩瑜. 环境经济政策对环保上市公司绩效的影响研究[J]. 纳税，2019, 13（17）：236.

[44] 卢庆江. 分析中国环境经济政策的演进过程与治理逻辑[J]. 财富生活，2019（12）：6.

[45] 凌芸. 基于绿色发展理念的环境经济政策体系构建[J]. 企业科技与发展，2019（6）：
20-21.

[46] 杜雯翠，张平淡. 人口老龄化与环境污染：生产效应还是生活效应？[J]. 北京师范大
学学报（社会科学版），2019（3）：112-123.

[47] 付秋雨. 论绿色金融的达成状况及原因诊视[J]. 法制与社会，2019（12）：72-73.

[48] 杜思雨. 浅谈我国环境经济政策的伦理[J]. 科技经济导刊，2019, 27（10）：114.

[49] 海骏娇，曾刚. 长江经济带城市环境可持续性政策的经济成效与适用性研究[J]. 资源
开发与市场，2019, 35（3）：353-358.

[50] 海骏娇. 城市环境可持续性政策的驱动因子和成效研究[D]. 上海：华东师范大学，
2019.

[51] 晋王强，杨斌，刘姜艳. 甘肃省环境经济政策现状研究[J]. 甘肃科技，2018, 34（21）：
1-4.

[52] 林永生，吴其倡，袁明扬. 中国环境经济政策的演化特征[J]. 中国经济报告，2018（11）：
39-42.

[53] 杨静，葛察忠，段显明，等. 基于排污许可证的环境经济政策研究[J]. 环境保护科学，
2018, 44（5）：1-5.

[54] 赵梦雪，冯相昭，杜晓林，等. 基于CGE模型的硫税政策环境经济效益分析[J]. 环境
与可持续发展，2018, 43（5）：48-53.

[55] 龙文滨，李四海，丁绒. 环境政策与中小企业环境表现：行政强制抑或经济激励[J]. 南
开经济研究，2018（3）：20-39.

[56] 杜艳春，程翠云，何理，等. 推动"两山"建设的环境经济政策着力点与建议[J]. 环境科学研究，2018，31（9）：1489-1494.

[57] 赵玉荣. 可再生能源支持政策的环境经济影响[J]. 现代商贸工业，2018，39（18）：173-175.

[58] 董战峰，璩爱玉. 土壤污染修复与治理的经济政策机制创新[J]. 环境保护，2018，46（9）：32-36.

[59] 王金南，董战峰，李红祥，等. 国家环境经济政策进展评估报告：2017[J]. 中国环境管理，2018，10（2）：14-18.

[60] 董战峰，李红祥，葛察忠，等. 环境经济政策年度报告 2017[J]. 环境经济，2018（7）：12-35.

[61] 陈嘉凯. 环境经济政策工具的选择与优化研究[J]. 现代物业（中旬刊），2018（3）：242-243.

[62] 葛察忠，黄婷婷. 环境经济政策是实现环境治理现代化重要手段[N]. 中国环境报，2018-02-26（3）.

[63] 李志青，毛佳睿，王继. 重庆市环境经济政策的绩效评估与政策建议[J]. 上海城市管理，2018，27（1）：29-35.

[64] 李珂，尹宽. 我国环境经济学研究综述[J]. 生产力研究，2017（11）：150-155.

[65] 张夏羿，朱艳春. 环境经济政策对环保上市公司绩效的影响[J]. 大连理工大学学报（社会科学版），2017，38（4）：19-25.

[66] 李红玉. 中国环境经济政策的特点与优化思路[J]. 现代经济信息，2017（20）：6-7，9.

[67] 王金南，董战峰，李红祥，等. 国家环境经济政策进展评估 2016[J]. 中国环境管理，2017，9（2）：9-13.

[68] 张文波. 我国环境行政执法权配置研究[D]. 重庆：西南政法大学，2017.

[69] 丁佳佳，邓伟. 重庆市环境经济政策发展现状浅析[J]. 未来与发展，2017，41（2）：109-112.

[70] 张书源. 基于流域尺度的辽河流域水污染防治环境经济政策研究[D]. 沈阳：沈阳大学，2017.

[71] 王建生. 政府要和居民做风险交流[J]. 环境与生活，2016（11）：27.

[72] 胡然，崔建升. 高污染、高环境风险产品目录的发展及政策影响[J]. 煤炭与化工，2016，39（10）：12-17.

[73] 姜曼. 中国环境经济政策的问题及展望[J]. 中国商论，2016（27）：140-141，144.

[74] 陈好孟. 基于环境保护的我国绿色信贷制度研究[D]. 青岛：中国海洋大学，2010.

[75] 杨洪刚. 中国环境政策工具的实施效果及其选择研究[D]. 上海：复旦大学，2009.

[76] 徐芳. 商业银行践行绿色信贷政策运行机制研究[D]. 青岛：中国海洋大学，2009.

附 录

附录 1　2019 年国家层面出台环境经济政策情况

序号	重要政策名称	发布部门	发布时间	政策类型
1	关于印发《国家节水行动方案》的通知	国家发展改革委、水利部	2019 年 4 月	综合性政策
2	关于开展长江经济带废弃露天矿山生态修复工作的通知	自然资源部办公厅	2019 年 4 月	综合性政策
3	关于支持新能源公交车推广应用的通知	财政部、工业和信息化部、交通运输部、国家发展改革委	2019 年 5 月	综合性政策
4	关于建立以国家公园为主体的自然保护地体系的指导意见	中共中央办公厅、国务院办公厅	2019 年 6 月	综合性政策
5	关于深化电力现货市场建设试点工作的意见	国家发展改革委办公厅、国家能源局综合司	2019 年 7 月	综合性政策

序号	重要政策名称	发布部门	发布时间	政策类型
6	关于促进生物天然气产业化发展的指导意见	国家发展改革委、国家能源局、财政部、自然资源部、生态环境部、住房和城乡建设部、农业农村部、应急管理部、中国人民银行、国家税务总局	2019年12月	综合性政策
7	关于印发《海岛及海域保护资金管理办法》的通知	财政部	2018年12月	环境财政政策
8	关于调整优化节能产品、环境标志产品政府采购执行机制的通知	财政部、国家发展改革委、生态环境部、国家市场监督管理总局	2019年2月	环境财政政策
9	关于进一步完善新能源汽车推广应用财政补贴政策的通知	财政部、工业和信息化部、科技部、国家发展改革委	2019年3月	环境财政政策
10	关于做好2019年耕地轮作休耕制度试点工作的通知	农业农村部、财政部	2019年3月	环境财政政策
11	关于做好2019年绿色循环优质高效特色农业促进项目实施工作的通知	农业农村部办公厅、财政部办公厅	2019年3月	环境财政政策
12	关于印发环境标志产品政府采购品目清单的通知	财政部、生态环境部	2019年3月	环境财政政策
13	关于印发节能产品政府采购品目清单的通知	财政部、国家发展改革委	2019年4月	环境财政政策
14	关于印发《可再生能源发展专项资金管理暂行办法》的补充通知	财政部	2019年6月	环境财政政策
15	关于印发《城市管网及污水处理补助资金管理办法》的通知	财政部	2019年6月	环境财政政策
16	关于下达2019年度水污染防治资金预算的通知	财政部	2019年6月	环境财政政策
17	关于印发《水污染防治资金管理办法》的通知	财政部	2019年6月	环境财政政策

序号	重要政策名称	发布部门	发布时间	政策类型
18	关于下达2019年度大气污染防治资金预算的通知	财政部	2019年6月	环境财政政策
19	关于下达2019年土壤污染防治专项资金预算的通知	财政部	2019年6月	环境财政政策
20	关于印发《土壤污染防治专项资金管理办法》的通知	财政部	2020年3月	环境财政政策
21	关于下达2019年农村环境整治资金预算的通知	财政部	2019年6月	环境财政政策
22	关于印发《农村环境整治资金管理办法》的通知	财政部	2019年6月	环境财政政策
23	关于印发水利发展资金管理办法的通知	财政部、水利部	2019年6月	环境财政政策
24	关于深入推进园区环境污染第三方治理的通知	国家发展改革委办公厅、生态环境部办公厅	2019年7月	环境财政政策
25	第三批城市黑臭水体治理示范城市竞争性选拔结果公示	财政部经济建设司、住房和城乡建设部城市建设司、生态环境部水环境管理司	2019年10月	环境财政政策
26	关于进一步加快推进中西部地区城镇污水垃圾处理有关工作的通知	国家发展改革委、财政部、生态环境部、住房和城乡建设部	2019年7月	环境财政政策
27	关于积极推进风电、光伏发电无补贴平价上网有关工作的通知	国家发展改革委、国家能源局	2019年1月	环境资源定价政策
28	关于三代核电首批项目试行上网电价的通知	国家发展改革委	2019年3月	环境资源定价政策
29	关于核定滇西北送广东专项工程输电价格的通知	国家发展改革委	2019年3月	环境资源定价政策
30	关于电网企业增值税税率调整相应降低一般工商业电价的通知	国家发展改革委	2019年3月	环境资源定价政策

中国环境规划政策绿皮书
中国环境经济政策发展报告 2019

序号	重要政策名称	发布部门	发布时间	政策类型
31	关于调整天然气基准门站价格的通知	国家发展改革委	2019 年 3 月	环境资源定价政策
32	关于调整天然气跨省管道运输价格的通知	国家发展改革委	2019 年 3 月	环境资源定价政策
33	关于南水北调中线一期主体工程供水价格有关问题的通知	国家发展改革委	2019 年 4 月	环境资源定价政策
34	关于统筹推进自然资源资产产权制度改革的指导意见	中共中央办公厅、国务院办公厅	2019 年 4 月	环境资源定价政策
35	关于优化电价政策发布机制的通知	国家发展改革委	2019 年 4 月	环境资源定价政策
36	关于完善光伏发电上网电价机制有关问题的通知	国家发展改革委	2019 年 4 月	环境资源定价政策
37	关于印发城镇污水处理提质增效三年行动方案（2019—2021 年）的通知	住房和城乡建设部、生态环境部、国家发展改革委	2019 年 4 月	环境资源定价政策
38	关于进一步清理规范政府定价经营服务性收费的通知	国家发展改革委	2019 年 5 月	环境资源定价政策
39	关于公布 2019 年第一批风电、光伏发电平价上网项目的通知	国家发展改革委办公厅、国家能源局综合司	2019 年 5 月	环境资源定价政策
40	关于加快推进农业水价综合改革的通知	国家发展改革委、财政部、水利部、农业农村部	2019 年 5 月	环境资源定价政策
41	关于降低一般工商业电价的通知	国家发展改革委	2019 年 5 月	环境资源定价政策
42	关于完善风电上网电价政策的通知	国家发展改革委	2019 年 5 月	环境资源定价政策
43	全国人大常委会审议通过《固体废物污染环境防治法修订草案》	全国人大常委会	2019 年 6 月	环境资源定价政策

216

序号	重要政策名称	发布部门	发布时间	政策类型
44	关于加快制定征收农用地区片综合地价工作的通知	自然资源部办公厅	2019年12月	环境资源定价政策
45	关于印发《建立市场化、多元化生态保护补偿机制行动计划》的通知	国家发展改革委、财政部、自然资源部、生态环境部、水利部、农业农村部、中国人民银行、国家市场监督管理总局、国家林业和草原局	2018年12月	生态补偿政策
46	关于印发《生态综合补偿试点方案》的通知	国家发展改革委	2019年11月	生态补偿政策
47	关于开展学习全国农村集体产权制度改革试点典型经验活动的通知	农业农村部	2019年3月	环境权益政策
48	关于统筹推进自然资源资产产权制度改革的指导意见	中共中央办公厅、国务院办公厅	2019年4月	环境权益政策
49	关于印发《2018年度全国矿业权出让转让审批等信息公开情况》的函	自然资源部办公厅	2019年4月	环境权益政策
50	关于确定农村集体产权制度改革试点单位的函	中央农村工作领导小组办公室、农业农村部	2019年5月	环境权益政策
51	国务院办公厅转发国家发展改革委关于深化公共资源交易平台整合共享指导意见的通知	国务院办公厅	2019年5月	环境权益政策
52	关于印发《自然资源统一确权登记暂行办法》的通知	自然资源部、财政部、生态环境部、水利部、国家林业和草原局	2019年7月	环境权益政策
53	关于深化电力现货市场建设试点工作的意见	国家发展改革委办公厅、国家能源局综合司	2019年7月	环境权益政策
54	关于印发《碳排放权交易有关会计处理暂行规定》的通知	财政部	2019年12月	环境权益政策
55	关于实施海砂采矿权和海域使用权"两权合一"招拍挂出让的通知	自然资源部	2019年12月	环境权益政策

序号	重要政策名称	发布部门	发布时间	政策类型
56	关于做好2019年度碳排放报告与核查及发电行业重点排放单位名单报送相关工作的通知	生态环境部办公厅	2019年12月	环境权益政策
57	符合《废塑料综合利用行业规范条件》企业名单（第二批）、符合《废矿物油综合利用行业规范条件》企业名单（第二批）、符合《轮胎翻新行业准入条件》《废轮胎综合利用行业准入条件》企业名单（第六批）	工业和信息化部	2019年3月	环境税费政策
58	关于发布《免征车辆购置税的新能源汽车车型目录（第二十四批）》的公告	工业和信息化部、国家税务总局	2019年4月	环境税费政策
59	关于发布《享受车船税减免优惠的节约能源　使用新能源汽车车型目录（第八批）》的公告	工业和信息化部、国家税务总局	2019年5月	环境税费政策
60	关于继续执行的车辆购置税优惠政策的公告	财政部、国家税务总局	2019年6月	环境税费政策
61	关于发布《享受车船税减免优惠的节约能源　使用新能源汽车车型目录（第九批）》的公告	工业和信息化部、国家税务总局	2019年7月	环境税费政策
62	中华人民共和国资源税法	全国人大常委会	2019年8月	环境税费政策
63	关于免征车辆购置税的新能源汽车车型目录（第二十六批）、汽车生产企业名称变更名单、撤销《免征车辆购置税的新能源汽车车型目录》的车型名单的公告	工业和信息化部、国家税务总局	2019年8月	环境税费政策
64	关于发布《享受车船税减免优惠的节约能源　使用新能源汽车车型目录（第十批）、汽车生产企业名称变更名单》的公告	工业和信息化部、国家税务总局	2019年8月	环境税费政策

序号	重要政策名称	发布部门	发布时间	政策类型
65	关于印发《京津冀工业节水行动计划》的通知	工业和信息化部、水利部、科技部、财政部	2019年9月	环境税费政策
66	关于发布免征车辆购置税的新能源汽车车型目录（第二十七批）的公告	工业和信息化部、国家税务总局	2019年10月	环境税费政策
67	享受车船税减免优惠的节约能源使用新能源汽车车型目录（第十一批）	工业和信息化部、国家税务总局	2019年11月	环境税费政策
68	关于免征车辆购置税的新能源汽车车型目录（第二十八批）等的公告	工业和信息化部、国家税务总局	2019年12月	环境税费政策
69	享受车船税减免优惠的节约能源 使用新能源汽车车型目录（第十二批）	工业和信息化部、国家税务总局	2019年12月	环境税费政策
70	关于免征车辆购置税的新能源汽车车型目录（第二十九批）等的公告	工业和信息化部、国家税务总局	2019年12月	环境税费政策
71	关于发布《免征车辆购置税的新能源汽车车型目录（第二十三批）》的公告	工业和信息化部、国家税务总局	2019年3月	环境税费政策
72	关于发布《享受车船税减免优惠的节约能源 使用新能源汽车车型目录（第七批）》的公告	工业和信息化部、国家税务总局	2019年3月	环境税费政策
73	关于发布《免征车辆购置税的新能源汽车车型目录（第二十四批）》的公告	工业和信息化部、国家税务总局	2019年4月	环境税费政策
74	关于发布《免征车辆购置税的新能源汽车车型目录（第二十五批）》的公告	工业和信息化部、国家税务总局	2019年6月	环境税费政策
75	关于发布《享受车船税减免优惠的节约能源 使用新能源汽车车型目录（第九批）》的公告	工业和信息化部、国家税务总局	2019年7月	环境税费政策

序号	重要政策名称	发布部门	发布时间	政策类型
76	关于调整部分项目可享受返税政策进口天然气数量的通知	财政部、海关总署、国家税务总局	2019 年5 月	绿色贸易政策
77	关于公布灌区水效领跑者名单的公告	水利部、国家发展改革委	2019 年5 月	行业环境经济政策
78	关于印发《坐便器水效领跑者引领行动实施细则》的通知	国家发展改革委、水利部、住房和城乡建设部、国家市场监督管理总局	2019 年7 月	行业环境经济政策
79	符合《环保装备制造行业（污水治理）规范条件》和《环保装备制造行业（环境监测仪器）规范条件》企业名单（第一批）	工业和信息化部	2019 年7 月	行业环境经济政策
80	绿色设计产品评价技术规范　聚酯涤纶	中国纺织工业联合会	2019 年2 月	行业环境经济政策
81	绿色设计产品评价技术规范　巾被织物	中国纺织工业联合会	2019 年2 月	行业环境经济政策
82	绿色设计产品评价技术规范　皮服	中国纺织工业联合会	2019 年2 月	行业环境经济政策
83	绿色设计产品评价技术规范　羊绒产品	中国纺织工业联合会	2019 年7 月	行业环境经济政策
84	绿色设计产品评价技术规范　毛精纺产品	中国纺织工业联合会	2019 年7 月	行业环境经济政策
85	绿色设计产品评价技术规范　针织印染布	中国纺织工业联合会	2019 年7 月	行业环境经济政策
86	关于组织开展 2019 年度重点用能行业能效"领跑者"遴选工作的通知	工业和信息化部办公厅、国家市场监督管理总局办公厅	2019 年10 月	行业环境经济政策
87	建设项目环境影响报告书（表）编制单位和编制人员失信行为记分管理办法（试行）	生态环境部	2019 年10 月	行业环境经济政策

序号	重要政策名称	发布部门	发布时间	政策类型
88	国家鼓励的工业节水工艺、技术和装备目录（2019年）	工业和信息化部、水利部	2019年11月	行业环境经济政策
89	2019年度重点用能行业能效"领跑者"拟入选企业公示	工业和信息化部节能与综合利用司	2019年11月	行业环境经济政策
90	2019年坐便器水效领跑者产品拟推荐名单公示	国家发展改革委环资司	2019年12月	行业环境经济政策

附录2　2019年地方层面出台环境经济政策情况

序号	重要政策名称	发布部门	发布时间	政策类型
1	关于印发《北京市落实〈农业农村污染治理攻坚战行动计划〉实施方案》的通知	北京市生态环境局、北京市农业农村局	2019年3月	综合性政策
2	北京市水土保持条例（2015年5月29日通过　2019年7月26日修正）	北京市水务局	2019年11月	综合性政策
3	北京市湿地保护条例（2012年颁布　2019年7月26日修正）	北京市人大常委会	2019年8月	综合性政策
4	北京市河湖保护管理条例（2012年颁布　2016年修正　2019年7月26日修正）	北京市人大常委会	2019年8月	综合性政策
5	关于实施节能减排促消费政策的公告	北京市商务局	2019年1月	环境财政政策
6	关于转发《财政部　国家发展改革委　生态环境部　国家市场监督管理总局关于调整优化节能产品、环境标志产品政府采购执行机制的通知》的通知	北京市财政局	2019年3月	环境财政政策

221

序号	重要政策名称	发布部门	发布时间	政策类型
7	关于公布北京市分布式光伏发电项目奖励名单（第七批）的通知	北京市发展和改革委员会	2019 年 3 月	环境财政政策
8	关于印发《关于完善北京市城镇居民"煤改电"居民采暖季电价优惠政策的意见》的函	北京市生态环境局、北京市财政局	2019 年 4 月	环境财政政策
9	关于北京市用能单位节能技改工程第九批节能量奖励资金项目公示的通知	北京市发展和改革委员会	2019 年 5 月	环境财政政策
10	转发《财政部　国家发展改革委节能产品政府采购品目》清单的通知	北京市财政局、北京市发展和改革委员会	2019 年 5 月	环境财政政策
11	转发财政部　生态环境部环境标志产品政府采购品目清单的通知	北京市财政局、北京市生态环境局	2019 年 5 月	环境财政政策
12	本市成品油价格按机制上调	北京市发展和改革委员会	2019 年 2 月	环境财政政策
13	关于安排北京市用能单位节能技改工程第九批节能量奖励资金的通知	北京市发展和改革委员会	2019 年 5 月	环境财政政策
14	关于开展本市 2019 年并网光伏发电项目国家补贴申报相关工作的通知	北京市发展和改革委员会	2019 年 6 月	环境财政政策
15	关于对出租汽车更新为纯电动车资金奖励政策的通知	北京市财政局、北京市交通委员会	2019 年 7 月	环境财政政策
16	关于转发财政部　水利部《水利发展资金管理办法》的通知	北京市财政局、北京市水务局	2019 年 8 月	环境财政政策

序号	重要政策名称	发布部门	发布时间	政策类型
17	关于北京市用能单位节能技改工程第十批节能量奖励资金项目公示的通知	北京市发展和改革委员会	2019 年 8 月	环境财政政策
18	关于北京市用能单位节能技改工程第十一批节能量奖励资金项目公示的通知	北京市发展和改革委员会	2019 年 9 月	环境财政政策
19	关于印发《北京市美丽乡村建设引导资金管理办法》的通知	北京市财政局、北京市农业农村局、北京市园林绿化局、北京市水务局、北京市城市管理委员会、北京市卫生健康委员会、北京市住房和城乡建设委员会、北京市规划和自然资源委员会、北京市发展和改革委员会	2019 年 9 月	环境财政政策
20	关于安排北京市用能单位节能技改工程第十批节能量奖励资金的通知	北京市发展和改革委员会	2019 年 9 月	环境财政政策
21	关于公示北京市分布式光伏发电项目奖励名单（第八批）的通知	北京市发展和改革委员会	2019 年 10 月	环境财政政策
22	关于印发《北京市生态环境局对举报生态环境违法行为实行奖励有关规定》的通知	北京市生态环境局	2019 年 9 月	环境财政政策
23	关于安排北京市用能单位节能技改工程第十一批节能量奖励资金的通知	北京市发展和改革委员会	2019 年 9 月	环境财政政策
24	关于北京市用能单位节能技改工程第十二批节能量奖励资金项目公示的通知	北京市发展和改革委员会	2019 年 10 月	环境财政政策

223

序号	重要政策名称	发布部门	发布时间	政策类型
25	关于安排北京市用能单位节能技改工程第十二批节能量奖励资金的通知	北京市发展和改革委员会	2019 年 10 月	环境财政政策
26	《北京市人民政府办公厅关于完善集体林权制度促进首都林业发展的实施意见》的实施方案	北京市海淀区人民政府办公室	2019 年 1 月	环境权益政策
27	关于完善集体林权制度促进房山区林业发展实施方案的通知	北京市房山区人民政府办公室	2019 年 6 月	环境权益政策
28	关于延长对废矿物油再生油品免征消费税政策实施期限的通知	北京市财政局	2019 年 1 月	环境税费政策
29	关于规范取水许可管理　做好水资源税征收工作的通知	北京市水务局、国家税务总局北京市税务局	2019 年 7 月	环境税费政策
30	关于安排北京市用能单位节能技改工程第八批节能量奖励资金的通知	北京市发展和改革委员会	2019 年 1 月	环境资源定价政策
31	关于调整本市输配电价有关问题的通知	北京市发展和改革委员会	2019 年 5 月	环境资源定价政策
32	关于调整本市一般工商业销售电价有关问题的通知	北京市发展和改革委员会	2019 年 5 月	环境资源定价政策
33	关于调整本市输配电价有关问题的通知	北京市发展和改革委员会	2019 年 5 月	环境资源定价政策
34	关于调整本市一般工商业销售电价有关问题的通知	北京市发展和改革委员会	2019 年 5 月	环境资源定价政策
35	关于调整本市非居民用管道天然气销售价格的通知	北京市发展和改革委员会	2019 年 4 月	环境资源定价政策
36	关于 2019—2021 年本市管道天然气非居民用户配气价格有关事项的通知	北京市发展和改革委员会	2019 年 4 月	环境资源定价政策

序号	重要政策名称	发布部门	发布时间	政策类型
37	关于调整本市输配电价有关问题的通知	北京市发展和改革委员会	2019年8月	环境资源定价政策
38	关于调整本市一般工商业销售电价有关问题的通知	北京市发展和改革委员会	2019年5月	环境资源定价政策
39	关于调整本市水电企业上网电价的通知	北京市发展和改革委员会	2019年5月	环境资源定价政策
40	关于调整本市居民用天然气销售价格的通知	北京市发展和改革委员会	2019年11月	环境资源定价政策
41	关于调整本市非居民用天然气销售价格的通知	北京市发展和改革委员会	2019年11月	环境资源定价政策
42	关于调整本市非居民供热价格有关问题的通知	北京市发展和改革委员会	2019年11月	环境资源定价政策
43	关于调整本市燃气电厂热力出厂价格的通知	北京市发展和改革委员会	2019年11月	环境资源定价政策
44	北京市实施《中华人民共和国水法》办法	北京市水务局	2019年11月	环境资源定价政策
45	关于做好2019年重点碳排放单位管理和碳排放权交易试点工作的通知	北京市生态环境局	2019年3月	排污权交易政策
46	关于公布2018年北京市重点碳排放单位及报告单位名单的通知	北京市生态环境局、北京市统计局	2019年3月	排污权交易政策
47	关于对畜禽养殖、食品制造、酒、饮料制造、家具制造、汽车制造、电池、锅炉等行业实施排污许可证管理的公告	北京市生态环境局	2019年7月	排污权交易政策
48	关于对电子和人造板行业实施排污许可证管理的公告	北京市生态环境局	2019年8月	排污权交易政策
49	关于公开征集2019年节能减排商品销售企业的公告	北京市商务局	2019年1月	行业环境经济政策

序号	重要政策名称	发布部门	发布时间	政策类型
50	关于确定 2019 年度北京市节能减排商品销售企业的公告	北京市商务局	2019 年 3 月	行业环境经济政策
51	关于北京市 2019 年节能技术产品推荐目录公示的通知	北京市发展和改革委员会	2019 年 11 月	行业环境经济政策
52	天津市生态环境保护条例	天津市第十七届人民代表大会第二次会议	2019 年 1 月	综合性政策
53	关于印发《天津市分散式风电发展规划（2018—2025 年）》的通知	天津市发展和改革委员会	2019 年 1 月	综合性政策
54	关于天津市 2018 年国民经济和社会发展计划执行情况与 2019 年国民经济和社会发展计划草案的报告	天津市发展和改革委员会	2019 年 1 月	综合性政策
55	关于印发天津市加强滨海湿地保护　严格管控围填海工作实施方案的通知	天津市人民政府办公厅	2019 年 4 月	综合性政策
56	关于印发《〈张家口首都水源涵养功能区和生态环境支撑区建设规划（2019—2035 年）〉实施意见》的通知	河北省人民政府办公厅	2019 年 12 月	综合性政策
57	关于加强城市生活垃圾分类工作的意见	河北省人民政府办公厅	2019 年 4 月	综合性政策
58	关于中央海岛及海域保护专项资金项目（2019 年第一批）的评审情况	天津市生态环境局	2019 年 10 月	环境财政政策
59	关于延长执行天津市居民冬季清洁取暖有关运行政策的通知	天津市发展和改革委员会	2019 年 11 月	环境财政政策
60	关于中央海岛及海域保护专项资金项目（2019 年第二批）的评审情况	天津市生态环境局	2019 年 12 月	环境财政政策

序号	重要政策名称	发布部门	发布时间	政策类型
61	天津市水土保持设施补偿费水土流失治理费征收使用管理办法	天津市水务局	2019 年 7 月	环境税费政策
62	关于调整我市成品油价格的公告	天津市发展和改革委员会	2019 年 1 月	环境资源定价政策
63	关于开展城镇非居民用水超定额累进加价试点工作的通知	天津市发展和改革委员会、天津市水务局	2019 年 1 月	环境资源定价政策
64	关于停征小型水库移民扶助基金相应降低电价有关事项的通知	天津市发展和改革委员会	2019 年 1 月	环境资源定价政策
65	关于进一步明确人才公寓用电水热价格政策有关事项的通知	天津市发展和改革委员会	2019 年 7 月	环境资源定价政策
66	关于重点用能单位能耗在线监测系统建设财政补助政策的通知	天津市发展和改革委员会、天津市市场监督管理委员会、天津市财政局	2019 年 8 月	环境资源定价政策
67	关于天津石化公司热电部 7# 机组上网电价有关问题的通知	天津市发展和改革委员会	2019 年 10 月	环境资源定价政策
68	关于公开征求《天津市深化燃煤机组上网电价机制改革实施方案》意见的通知	天津市发展和改革委员会	2019 年 11 月	环境资源定价政策
69	关于污水处理厂申领排污许可证的公告	天津市生态环境局	2019 年 3 月	排污权交易政策
70	关于印发《排污许可制全面支撑打好污染防治攻坚战实施方案（2019—2020 年）》的通知	天津市生态环境局	2019 年 5 月	排污权交易政策
71	关于汽车制造等行业申领排污许可证的公告	天津市生态环境局	2019 年 9 月	排污权交易政策
72	关于公开征求天津市碳排放权交易管理暂行办法（修订稿）意见的通知	天津市生态环境局	2019 年 11 月	排污权交易政策

227

序号	重要政策名称	发布部门	发布时间	政策类型
73	关于发布天津市碳排放权交易试点纳入企业名单的通知	天津市生态环境局	2019 年 11 月	排污权交易政策
74	关于印发《天津市于桥水库库区生态补偿资金管理暂行办法》的通知	天津市财政局、天津市水务局	2019 年 1 月	生态补偿政策
75	关于印发《天津市生态环境损害赔偿制度改革实施方案》配套文件的通知	天津市生态环境局、天津市科学技术局、天津市公安局、天津市司法局、天津市财政局、天津市规划和自然资源局、天津市住房和城乡建设委员会、天津市城市管理委员会、天津市农业农村委员会、天津市水务局、天津市卫生健康委员会、中国银行保险监督管理委员会天津监管局、天津市高级人民法院、天津市人民检察院	2019 年 2 月	生态补偿政策
76	关于印发《天津市环境保护企业"领跑者"制度实施办法（试行）》的通知	天津市生态环境局、天津市财政局、天津市发展和改革委员会、天津市工业和信息化局	2019 年 9 月	行业环境经济政策
77	河北省渤海综合治理攻坚战实施方案	河北省生态环境厅、河北省发展和改革委员会、河北省自然资源厅	2019 年 4 月	综合性政策
78	关于加强地热开发利用管理的通知	河北省自然资源厅、河北省水利厅	2019 年 6 月	环境权益政策
79	关于印发《河北省农村产权流转交易管理办法》的通知	河北省人民政府办公厅	2019 年 10 月	环境权益政策
80	关于报送"两高一剩"行业执行差别化电价情况的通知	河北省发展和改革委员会	2019 年 1 月	环境资源定价政策

序号	重要政策名称	发布部门	发布时间	政策类型
81	关于部分钢铁和焦化企业 2017 年生产用电执行阶梯电价有关事项的通知	河北省发展和改革委员会	2019 年 2 月	环境资源定价政策
82	关于调整成品油价格的公告（2019 年第 3 号）	河北省发展和改革委员会	2019 年 2 月	环境资源定价政策
83	关于电网企业增值税税率调整相应降低单一制工商业电价有关事项的通知	河北省发展和改革委员会	2019 年 4 月	环境资源定价政策
84	转发国家发展改革委关于完善光伏发电上网电价机制有关问题的通知	河北省发展和改革委员会	2019 年 5 月	环境资源定价政策
85	转发国家发展改革委关于完善光伏发电上网电价机制有关问题的通知	河北省发展和改革委员会	2019 年 5 月	环境资源定价政策
86	关于降低单一制工商业电价等有关事项的通知	河北省发展和改革委员会	2019 年 5 月	环境资源定价政策
87	转发国家发展改革委关于完善风电上网电价政策的通知	河北省发展和改革委员会	2019 年 6 月	环境资源定价政策
88	关于完善风电上网电价政策的通知	河北省发展和改革委员会	2019 年 6 月	环境资源定价政策
89	关于增量配电网配电价格管理有关事项的通知	河北省发展和改革委员会	2019 年 8 月	环境资源定价政策
90	关于印发《河北省推进氢能产业发展实施意见》的通知	河北省发展和改革委员会、河北省工业和信息化厅、河北省科学技术厅、河北省财政厅、河北省自然资源厅、河北省生态环境厅、河北省住房和城乡建设厅、河北省交通运输厅、河北省应急管理厅、河北省市场监督管理局	2019 年 8 月	行业环境经济政策

229

序号	重要政策名称	发布部门	发布时间	政策类型
91	关于下达 2019 年中央财政水利发展资金中小河流治理等项目工程计划的通知	辽宁省水利厅	2019 年 1 月	环境财政政策
92	关于印发上海市 2019 年节能减排和应对气候变化重点工作安排的通知	上海市发展和改革委员会	2019 年 4 月	综合性政策
93	关于做好 2019 年光伏发电项目建设有关工作的通知	上海市发展和改革委员会	2019 年 6 月	综合性政策
94	关于下达本市 2019 年节能减排专项资金安排计划（第一批）的通知	上海市发展和改革委员会	2019 年 4 月	环境财政政策
95	关于公布 2018 年第三批可再生能源和新能源发展专项资金奖励目录的通知	上海市发展和改革委员会	2019 年 4 月	环境财政政策
96	关于下达本市 2019 年节能减排专项资金安排计划（第二批）的通知	上海市发展和改革委员会	2019 年 5 月	环境财政政策
97	关于持续推进农作物秸秆综合利用工作的通知	上海市发展和改革委员会	2019 年 5 月	环境财政政策
98	关于组织申报 2019 年循环经济发展和资源综合利用财政补贴项目的通知	上海市发展和改革委员会	2019 年 7 月	环境财政政策
99	关于下达本市 2019 年节能减排专项资金安排计划（第三批）的通知	上海市发展和改革委员会	2019 年 8 月	环境财政政策
100	关于下达本市 2019 年节能减排专项资金安排计划（第四批）的通知	上海市发展和改革委员会	2019 年 9 月	环境财政政策
101	关于发布《上海市鼓励国三柴油车提前报废补贴实施办法》的通知	上海市生态环境局	2019 年 10 月	环境财政政策
102	关于公布 2019 年第一批可再生能源和新能源发展专项资金奖励目录的通知	上海市发展和改革委员会	2019 年 10 月	环境财政政策

序号	重要政策名称	发布部门	发布时间	政策类型
103	上海市 2019 年度循环经济发展和资源综合利用专项扶持计划（草案）公示	上海市发展和改革委员会	2019 年 11 月	环境财政政策
104	关于下达《上海市崇明区整区推进农作物秸秆综合利用的实施方案》的通知	上海市农业农村委员会	2019 年 11 月	环境财政政策
105	关于下达本市 2019 年节能减排专项资金安排计划（第五批）的通知	上海市发展和改革委员会	2019 年 11 月	环境财政政策
106	关于落实国家深化燃煤发电上网电价形成机制改革有关事项的通知	上海市发展和改革委员会	2019 年 12 月	环境财政政策
107	关于下达本市 2019 年节能减排专项资金安排计划（第六批）的通知	上海市发展和改革委员会	2019 年 12 月	环境财政政策
108	关于开展本市纳入碳排放配额管理的企业 2018 年度碳排放报告工作的通知	上海市生态环境局	2019 年 3 月	环境权益政策
109	关于调整民用瓶装液化石油气最高零售价格的通知	上海市发展和改革委员会	2019 年 1 月	环境资源定价政策
110	关于车用汽、柴油价格的通知	上海市发展和改革委员会	2019 年 1 月	环境资源定价政策
111	关于印发贯彻《上海市生活垃圾管理条例》推进全程分类体系建设实施意见的通知	上海市人民政府办公厅	2019 年 2 月	环境资源定价政策
112	关于调整可再生能源资金扶持政策支持光伏发电持续发展有关事项的通知	上海市发展和改革委员会	2019 年 3 月	环境资源定价政策
113	关于降低本市一般工商业电价有关事项的通知	上海市发展和改革委员会	2019 年 3 月	环境资源定价政策
114	关于调整本市非居民用户天然气价格的通知	上海市发展和改革委员会	2019 年 4 月	环境资源定价政策

序号	重要政策名称	发布部门	发布时间	政策类型
115	关于第二批降低本市一般工商业电价有关事项的通知	上海市发展和改革委员会	2019年5月	环境资源定价政策
116	关于印发《建立健全上海市城镇非居民用水超定额累进加价制度的实施方案》的通知	上海市发展和改革委员会、上海市经济信息化委员会、上海市财政局、上海市水务局	2019年7月	环境资源定价政策
117	关于公布2019年上海市海上风电建设方案的通知	上海市发展和改革委员会	2019年7月	环境资源定价政策
118	关于对大米加工企业执行农业生产电价的通知	上海市发展和改革委员会	2019年7月	环境资源定价政策
119	关于优化调整本市天然气发电上网电价机制有关事项的通知	上海市发展和改革委员会	2019年7月	环境资源定价政策
120	关于调整跨省区核电、水电上网电价有关事项的通知	上海市发展和改革委员会	2019年9月	环境资源定价政策
121	关于印发《上海市管道天然气配气定价成本监审办法》的通知	上海市发展和改革委员会	2019年9月	环境资源定价政策
122	关于落实国家深化燃煤发电上网电价形成机制改革有关事项的通知	上海市发展和改革委员会	2019年11月	环境资源定价政策
123	关于印发《上海市政府定价的经营服务性收费目录清单（2020年版）》的通知	上海市发展和改革委员会	2019年12月	环境资源定价政策
124	关于印发《上海市城镇土地使用税实施规定》的通知	上海市人民政府	2019年1月	环境税费政策
125	关于本市耕地占用税有关适用税额标准的通知	上海市税务局	2019年8月	环境税费政策
126	关于印发江苏省城乡生活垃圾治理工作实施方案的通知	江苏省人民政府办公厅	2019年1月	综合性政策

序号	重要政策名称	发布部门	发布时间	政策类型
127	关于印发江苏省打好太湖治理攻坚战实施方案的通知	江苏省人民政府办公厅	2019年1月	综合性政策
128	关于加强长江江苏段水生生物保护工作的实施意见	江苏省人民政府办公厅	2019年1月	综合性政策
129	关于印发江苏省长江保护修复攻坚战行动计划实施方案的通知	江苏省人民政府办公厅	2019年6月	综合性政策
130	江苏省财政厅贯彻落实乡村振兴战略的实施意见	江苏省财政厅	2019年11月	综合性政策
131	关于预拨长江江苏段水上过驳专项整治省级奖励资金的通知	江苏省财政厅	2019年1月	环境财政政策
132	关于调整与污染物排放总量挂钩财政政策的通知	江苏省人民政府	2019年1月	环境财政政策
133	关于印发江苏省农村河道管护办法的通知	江苏省人民政府办公厅	2019年1月	综合性政策
134	关于印发江苏省重污染天气应急预案的通知	江苏省人民政府办公厅	2019年1月	综合性政策
135	关于印发江苏省生态环境监测监控系统三年建设规划（2018—2020年）的通知	江苏省人民政府办公厅	2019年3月	综合性政策
136	关于下达2019年中央财政节能减排补助资金（高效电机推广、公共建筑节能改造）的通知	江苏省财政厅	2019年5月	环境财政政策
137	关于提前下达2019年采煤沉陷区综合治理专项中央基建投资预算（拨款）的通知	江苏省财政厅	2019年1月	环境财政政策
138	关于下达2018年度畜禽养殖污染治理工作省级奖补资金的通知	江苏省财政厅	2019年1月	环境财政政策
139	关于组织申报江苏省绿色金融奖补资金的通知	江苏省生态环境厅、江苏省财政厅	2019年9月	环境财政政策

233

序号	重要政策名称	发布部门	发布时间	政策类型
140	征求对《江苏省城镇生活垃圾处理收费管理办法（征求意见稿）》意见建议的公告	江苏省发展和改革委员会	2019 年 11 月	环境税费政策
141	关于印发江苏省矿业权出让收益基准价的通知	江苏省自然资源厅	2019 年 1 月	环境资源定价政策
142	江苏省成品油价格调整公告	江苏省发展和改革委员会	2019 年 12 月	环境资源定价政策
143	关于降低水土保持补偿费征收标准的通知	江苏省物价局、江苏省财政厅	2019 年 2 月	环境资源定价政策
144	关于降低一般工商业电价有关事项的通知	江苏省发展和改革委员会	2019 年 4 月	环境资源定价政策
145	关于降低一般工商业电价有关事项的通知	江苏省发展和改革委员会	2019 年 4 月	环境资源定价政策
146	关于完善根据环保信用评价结果实行差别化价格政策的通知	江苏省发展和改革委员会、江苏省生态环境厅	2019 年 5 月	环境资源定价政策
147	关于降低一般工商业电价有关事项的通知	江苏省发展和改革委员会	2019 年 5 月	环境资源定价政策
148	关于做好 2019 年风电和光伏发电建设工作的通知	江苏省发展和改革委员会	2019 年 6 月	环境资源定价政策
149	关于完善差别化电价政策促进绿色发展的通知	江苏省发展和改革委员会、江苏省工业和信息化厅	2019 年 9 月	环境资源定价政策
150	关于开展 2019 年排污许可证申领工作的补充通告	江苏省生态环境厅	2019 年 9 月	排污权交易政策
151	江苏省企事业环保信用评价办法	江苏省生态环境厅、江苏省发展和改革委员会、江苏省市场监督管理局	2019 年 12 月	行业环境经济政策

序号	重要政策名称	发布部门	发布时间	政策类型
152	关于印发福建省畜禽粪污资源化利用整省推进实施方案（2019—2020年）的通知	福建省人民政府办公厅	2019年2月	综合性政策
153	关于印发《福建省城市黑臭水体治理攻坚战实施方案》的通知	福建省住房和城乡建设厅、福建省生态环境厅	2019年1月	综合性政策
154	关于进一步加强水土保持工作的意见	福建省委办公厅、福建省人民政府办公厅	2019年2月	综合性政策
155	福建省城乡生活垃圾管理条例	福建省人民代表大会常务委员会	2019年7月	综合性政策
156	关于印发2019年"小流域综合治理"为民办实事项目实施方案的通知	福建省生态环境厅、福建省河长制办公室	2019年4月	环境财政政策
157	关于印发《九龙江口和厦门湾生态综合治理攻坚战行动计划实施方案》的通知	福建省生态环境厅、福建省发展和改革委员会、福建省自然资源厅、福建省海洋渔业局	2019年1月	环境财政政策
158	关于印发《福建省闽江流域山水林田湖草生态保护修复绩效评价方案》的通知	福建省财政厅	2019年1月	环境财政政策
159	关于印发《福建省水源地保护攻坚战行动计划实施方案》的通知	福建省生态环境厅、福建省水利厅	2019年1月	环境财政政策
160	关于下达溪源泄洪洞工程省级补助资金的通知	福建省财政厅、福建省水利厅	2019年11月	环境财政政策
161	关于印发《闽江流域山水林田湖草生态保护修复试点工作正向激励办法》的通知	福建省财政厅	2019年5月	环境财政政策
162	关于印发福建省2019年地质灾害防治方案的通知	福建省自然资源厅、福建省应急管理厅、福建省住房和城乡建设厅、福建省交通运输厅、福建省教育厅、福建省水利厅	2019年6月	环境财政政策

序号	重要政策名称	发布部门	发布时间	政策类型
163	关于福建省上报 2020 年重点流域水环境综合治理中央预算内投资计划草案项目的公示	福建省发展和改革委员会	2019 年 9 月	环境财政政策
164	关于印发福建省矿业权出让收益市场基准价的通知	福建省自然资源厅	2019 年 1 月	环境权益政策
165	厦门市排污权有偿使用和交易管理办法实施细则	福建省厦门市生态环境局	2019 年 7 月	环境权益政策
166	关于开展压覆矿产资源区域评估的通知	福建省自然资源厅	2019 年 8 月	环境权益政策
167	福建省用能权交易管理暂行办法	福建省人民政府	2020 年 1 月	环境权益政策
168	关于发布《福建省环境保护税核定征收办法（试行）》的公告	国家税务总局福建省税务局、福建省生态环境厅	2019 年 1 月	环境税费政策
169	关于印发《福建省农村供水工程水费收缴工作方案》的通知	福建省水利厅	2019 年 11 月	环境税费政策
170	关于成品油价格调整的通告	福建省发展和改革委员会	2019 年 1 月	环境资源定价政策
171	关于莆田市餐厨垃圾处置场沼气发电项目一期上网电价的通知	福建省发展和改革委员会	2019 年 10 月	环境资源定价政策
172	关于南平市延平区堵兜水电站技改后上网电价的通知	福建省发展和改革委员会	2019 年 10 月	环境资源定价政策
173	关于邵武市常宝水电站技改后上网电价的通知	福建省发展和改革委员会	2019 年 10 月	环境资源定价政策
174	关于邵武市卫闽王溪口水电站技改后上网电价的通知	福建省发展和改革委员会	2019 年 10 月	环境资源定价政策
175	关于邵武市童阳际等9家水电站上网电价的通知	福建省发展和改革委员会	2019 年 11 月	环境资源定价政策

序号	重要政策名称	发布部门	发布时间	政策类型
176	关于调整中海福建天然气有限责任公司印尼合同天然气门站价格的通知	福建省发展和改革委员会	2019年3月	环境资源定价政策
177	关于南平市洋后三井电站增效扩容技改后上网电价的通知	福建省发展和改革委员会	2019年4月	环境资源定价政策
178	关于做好落实城市供水价格政策有关工作的通知	福建省发展和改革委员会、福建省住房和城乡建设厅	2019年4月	环境资源定价政策
179	关于电网企业增值税税率调整相应降低一般工商业电价有关事项的通知	福建省发展和改革委员会	2019年4月	环境资源定价政策
180	关于益盛环保能源有限公司上网电价的通知	福建省发展和改革委员会	2019年4月	环境资源定价政策
181	关于继续降低一般工商业电价有关事项的通知	福建省发展和改革委员会	2019年5月	环境资源定价政策
182	关于切实采取措施加快推进农业水价综合改革的通知	福建省发展和改革委员会、福建省财政厅、福建省水利厅、福建省农业农村厅	2019年7月	环境资源定价政策
183	关于降低电动汽车充电服务收费标准等相关政策的通知	福建省发展和改革委员会	2019年7月	环境资源定价政策
184	关于邵武市金坑下坊电站技改后上网电价的通知	福建省发展和改革委员会	2019年8月	环境资源定价政策
185	关于华能罗源电厂 1#、2#机组上网电价的通知	福建省发展和改革委员会	2019年8月	环境资源定价政策
186	关于做好 2018 年度重点排放单位碳排放信息报告和配额清缴履约相关工作的通知	福建省生态环境厅	2019年2月	排污权交易政策

237

序号	重要政策名称	发布部门	发布时间	政策类型
187	关于印发《福建省排污权有偿使用价格管理办法》的通知	福建省发展和改革委员会	2019年8月	排污权交易政策
188	关于印发山东省海洋生态环境保护规划（2018—2020年）的通知	山东省生态环境厅	2019年2月	综合性政策
189	关于印发山东省农村生活污水治理行动方案的通知	山东省生态环境厅、山东省住房和城乡建设厅、山东省农业厅、财政厅	2019年8月	综合性政策
190	山东省落实国家节水行动实施方案	山东省水利厅、山东省发展和改革委员会	2019年11月	综合性政策
191	关于统筹推进生态环境保护与经济高质量发展的意见	山东省人民政府	2019年11月	综合性政策
192	关于山东省海洋生态环境保护规划（2018—2020年）的批复	山东省人民政府	2019年2月	综合性政策
193	关于印发山东省打好渤海区域环境综合治理攻坚战作战方案的通知	山东省人民政府办公厅	2019年2月	综合性政策
194	关于印发山东省打好柴油货车污染防治攻坚战作战方案的通知	山东省人民政府办公厅	2019年2月	综合性政策
195	关于严格执行山东省大气污染物排放标准的通知	山东省生态环境厅	2019年7月	环境财政政策
196	关于印发山东省露天矿山综合整治行动实施方案的通知	山东省自然资源厅、山东省生态环境厅	2019年9月	环境财政政策
197	关于印发《山东省自然资源厅专项资金管理办法》的通知	山东省自然资源厅	2019年11月	环境财政政策
198	关于印发山东省重点水利工程建设实施方案的通知	山东省人民政府	2019年10月	环境财政政策
199	关于印发山东省环境违法行为举报奖励暂行规定的通知	山东省生态环境厅、山东省财政厅	2019年3月	环境财政政策

序号	重要政策名称	发布部门	发布时间	政策类型
200	关于印发建立健全生态文明建设财政奖补机制实施方案的通知	山东省人民政府办公厅	2019年3月	环境财政政策
201	转发《财政部 国家发展改革委 生态环境部 国家市场监督管理总局关于调整优化节能产品、环境标志产品政府采购执行机制的通知》的通知	山东省财政厅	2019年5月	环境财政政策
202	关于印发山东省省级环境污染防治资金管理暂行办法的通知	山东省财政厅、山东省生态环境厅、山东省自然资源厅、山东省住房和城乡建设厅	2019年5月	环境财政政策
203	关于印发山东省国土勘探和治理资金管理暂行办法的通知	山东省财政厅、山东省发展和改革委员会、山东省自然资源厅、山东省能源局	2019年7月	环境财政政策
204	关于印发山东省农药包装废弃物回收处理管理办法的通知	山东省农业农村厅、山东省财政厅、山东省生态环境厅、山东省交通运输厅	2019年8月	环境财政政策
205	关于印发《山东省海域、无居民海岛有偿使用黑名单管理办法（试行）》的通知	山东省海洋局	2019年2月	环境权益政策
206	关于印发山东省海域使用金减免管理办法的通知	山东省财政厅、山东省海洋局	2019年4月	环境权益政策
207	关于调整山东省矿业权出让收益征收管理政策的通知	山东省财政厅、山东省自然资源厅	2019年8月	环境权益政策
208	关于进一步规范林权类不动产登记工作的通知	山东省自然资源厅	2019年10月	环境权益政策
209	关于印发《山东省煤炭资源税从价计征暂行办法》的通知	山东省财政厅、国家税务总局山东省税务局	2019年10月	环境税费政策

239

序号	重要政策名称	发布部门	发布时间	政策类型
210	我省成品油价格因增值税税率调整相应下调	山东省发展和改革委员会	2019年3月	环境资源定价政策
211	关于建立完善农业用水超定额累进加价制度的指导意见	山东省发展和改革委员会、山东省水利厅	2019年1月	环境资源定价政策
212	关于炼化和焦化企业生产用电实行阶梯电价政策有关事项的通知	山东省发展和改革委员会、山东省能源局	2019年1月	环境资源定价政策
213	关于调整城镇土地使用税税额标准的通知	山东省人民政府	2019年1月	环境资源定价政策
214	关于山东电力现货市场结算试运行期间有关价格政策的通知	山东省发展和改革委员会	2019年10月	环境资源定价政策
215	关于印发山东省集中供热定价成本监审办法的通知	山东省发展和改革委员会、山东省住房和城乡建设厅	2019年10月	环境资源定价政策
216	关于民生采暖型燃煤背压机组两部制电价有关事项的通知	山东省发展和改革委员会	2019年10月	环境资源定价政策
217	关于完善转供电环节电价政策的通知	山东省发展和改革委员会	2019年10月	环境资源定价政策
218	关于印发山东省海域使用金减免管理办法的通知	山东省财政厅、山东省海洋局	2019年5月	环境资源定价政策
219	关于居民阶梯电价制度有关事项的通知	山东省发展和改革委员会	2019年7月	环境资源定价政策
220	关于印发山东省地表水环境质量及自然保护区生态补偿暂行办法相关指标及细则的通知	山东省生态环境厅、山东省财政厅	2019年3月	生态补偿政策
221	关于废止《山东省财政厅山东省海洋与渔业厅关于印发山东省海洋生态补偿管理办法的通知》（鲁财综〔2016〕7号）的通知	山东省财政厅、山东省生态环境厅	2019年7月	生态补偿政策

序号	重要政策名称	发布部门	发布时间	政策类型
222	关于印发《广东省打赢蓝天保卫战实施方案（2018—2020年）》的通知	广东省人民政府	2019年1月	综合性政策
223	关于印发《广东省打赢农业农村污染治理攻坚战实施方案》的通知	广东省生态环境厅、广东省农业农村厅	2019年3月	综合性政策
224	关于推进广东省海岸带保护与利用综合示范区建设的指导意见》的通知	广东省自然资源厅	2019年6月	综合性政策
225	关于印发《广东省柴油货车污染治理攻坚战实施方案》的通知	广东省生态环境厅、广东省发展和改革委员会、广东省工业和信息化厅、广东省公安厅、广东省财政厅、广东省交通运输厅、广东省商务厅、广东省市场监督管理局	2019年11月	综合性政策
226	关于下达2019年省级以上生态公益林效益补偿资金省统筹经费的通知	广东省财政厅	2019年3月	环境财政政策
227	关于组织申报中央财政支持蓝色海湾整治行动项目的通知	广东省财政厅、广东省自然资源厅	2019年3月	环境财政政策
228	关于下达2019年打好污染防治攻坚战专项资金（公共机构节能）的通知	广东省能源局	2019年4月	环境财政政策
229	关于清算省生态环境厅2019年打好污染防治攻坚战专项资金（重型柴油车OBD远程在线监控示范）的通知	广东省财政厅	2019年4月	环境财政政策

序号	重要政策名称	发布部门	发布时间	政策类型
230	关于下达省生态环境厅 2019 年打好污染防治攻坚战专项资金（第二批）的通知	广东省财政厅	2019 年 4 月	环境财政政策
231	关于调整优化节能产品　环境标志产品政府采购执行机制的通知	广东省财政厅	2019 年 4 月	环境财政政策
232	关于开展 2020 年重点流域水环境综合治理中央预算内投资计划申报有关工作的通知	广东省发展和改革委员会	2019 年 5 月	环境财政政策
233	关于下达 2019 年中央财政节能减排补助资金（高效电机推广补贴第一批）的通知	广东省财政厅	2019 年 5 月	环境财政政策
234	关于印发《广东省海域使用金征收使用管理办法》的通知	广东省财政厅、广东省自然资源厅	2019 年 5 月	环境财政政策
235	关于下达中央财政 2016 年度新能源汽车充电基础设施建设奖补资金的通知	广东省财政厅	2019 年 5 月	环境财政政策
236	关于印发《广东省生态保护区财政补偿转移支付办法》的通知	广东省财政厅	2019 年 6 月	环境财政政策
237	关于下达 2019 年节能减排补助资金（第一批）的通知	广东省财政厅	2019 年 6 月	环境财政政策
238	关于清算下达 2018—2019 年生态保护区财政补偿转移支付资金的通知	广东省财政厅	2019 年 6 月	环境财政政策
239	关于转下达 2019 年城市管网及污水处理补助资金预算的通知	广东省财政厅	2019 年 6 月	环境财政政策
240	关于印发广东省 2019 年土壤污染防治工作方案的通知	广东省生态环境厅	2019 年 7 月	环境财政政策

序号	重要政策名称	发布部门	发布时间	政策类型
241	关于印发 2020 年省级水资源节约与保护专项资金项目申报指南的通知	广东省水利厅	2019 年 7 月	环境财政政策
242	关于印发《广东省生态环境厅 2019 年水污染防治攻坚战工作方案》的函	广东省生态环境厅	2019 年 7 月	环境财政政策
243	关于公布 2019 年光伏发电项目国家补贴竞价结果的通知	广东省能源局	2019 年 8 月	环境财政政策
244	关于调整 2018 年生态文明建设专项（第六批）中央基建投资预算（拨款）的通知	广东省财政厅	2019 年 9 月	环境财政政策
245	关于调整下达重点流域水环境综合治理 2018 年中央预算内投资项目计划的通知	广东省发展和改革委员会	2019 年 9 月	环境财政政策
246	关于 2019 年污染防治攻坚战资金（南粤古驿道"不留白色污染"）安排计划和绩效目标的公示	广东省生态环境厅	2019 年 9 月	环境财政政策
247	关于下达 2019 年农村综合改革转移支付资金（农村综合改革试点试验、田园综合体、农村公益事业奖补、美丽乡村）的通知	广东省财政厅	2019 年 10 月	环境财政政策
248	关于下达农村"厕所革命"中央财政奖补资金的通知	广东省财政厅	2019 年 10 月	环境财政政策
249	关于下达 2019 年中央土壤污染防治资金（省本级）项目计划的通知	广东省生态环境厅	2019 年 10 月	环境财政政策
250	关于下达 2019 年污染防治攻坚战专项资金（南粤古驿道"不留白色污染"）项目计划和任务清单的通知	广东省生态环境厅	2019 年 10 月	环境财政政策

243

序号	重要政策名称	发布部门	发布时间	政策类型
251	关于下达2019年打好污染防治攻坚战专项资金（环境保护与监管能力建设）项目计划及任务清单的通知	广东省生态环境厅	2019年11月	环境财政政策
252	关于印发《广东省省级生态环境专项资金管理细则》的通知	广东省生态环境厅	2019年11月	环境财政政策
253	关于提前下达2020年生态保护区财政补偿转移支付资金的通知	广东省财政厅	2019年11月	环境财政政策
254	关于提前下达2020年中央城市管网及污水处理补助资金预算的通知	广东省财政厅	2019年12月	环境财政政策
255	关于提前下达中央财政2020年节能减排补助资金（2017年度新能源汽车推广应用补助清算资金）的通知	广东省财政厅	2019年12月	环境财政政策
256	关于提前下达2020年省级污染防治攻坚战资金（新能源汽车产业发展及推广应用补贴）的通知	广东省财政厅	2019年12月	环境财政政策
257	关于提前下达2020年中央财政农村综合改革转移支付资金的通知	广东省财政厅	2019年12月	环境财政政策
258	关于提前下达2020年中央财政农村"厕所革命"奖补资金的通知	广东省财政厅	2019年12月	环境财政政策
259	关于提前下达2020年中央财政水污染防治、农村环境整治资金的通知	广东省财政厅	2019年12月	环境财政政策
260	关于提前下达2020年节能减排补助资金（节能与新能源公交车运营补助清算）的通知	广东省财政厅	2019年12月	环境财政政策
261	广东省自然资源厅湛江东海岛东海域区块一海砂开采海域使用权采矿权网上挂牌出让公告（K2019-003号）	广东省自然资源厅	2019年6月	环境权益政策

序号	重要政策名称	发布部门	发布时间	政策类型
262	广东省自然资源厅湛江东海岛东海域区块一海砂开采海域使用权采矿权网上挂牌出让公告（K2019-002号）	广东省自然资源厅	2019年11月	环境权益政策
263	广东省自然资源厅珠江口黄茅海域海砂开采海域使用权采矿权网上挂牌出让公告（K2019-001号）	广东省自然资源厅	2019年6月	环境权益政策
264	深圳经济特区碳排放管理若干规定（2019年修正）	广东省深圳市人民代表大会常务委员会	2019年9月	环境权益政策
265	关于印发广东省2019年度碳排放配额分配实施方案的通知	广东省生态环境厅	2019年11月	环境权益政策
266	关于广东省农业水价综合改革2019年实施计划的通知	广东省发展和改革委员会、广东省财政厅、广东省水利厅、广东省农业农村厅	2019年1月	环境资源定价政策
267	广东省发展改革委转发国家发展改革委关于调整天然气基准门站价格的通知	广东省发展和改革委员会	2019年3月	环境资源定价政策
268	关于印发无居民海岛使用权市场化出让办法（试行）的通知	广东省自然资源厅	2019年4月	环境资源定价政策
269	关于电网企业增值税税率调整相应降低我省一般工商业电价的通知	广东省发展和改革委员会	2019年4月	环境资源定价政策
270	关于完善光伏发电上网电价机制有关问题的通知	广东省发展和改革委员会	2019年5月	环境资源定价政策
271	关于降低我省一般工商业电价有关事项的通知	广东省发展和改革委员会	2019年6月	环境资源定价政策
272	广东省发展改革委转发国家发展改革委关于完善风电上网电价政策的通知	广东省发展和改革委员会	2019年6月	环境资源定价政策

序号	重要政策名称	发布部门	发布时间	政策类型
273	关于降低我省部分水电站和核电站上网电价的通知	广东省发展和改革委员会	2019年6月	环境资源定价政策
274	关于降低我省输配电价的通知	广东省发展和改革委员会	2019年6月	环境资源定价政策
275	关于2019年广东省政府专项债券（二十九期～三十八期）和专项债券（四十期～四十六期）发行有关事宜的通知	广东省财政厅	2019年6月	绿色金融政策
276	关于做好2018年度企业碳排放信息报告核查和配额清缴履约相关工作的通知	广东省生态环境厅	2019年1月	排污权交易政策
277	关于印发广东省2019年度碳排放配额分配实施方案的通知	广东省生态环境厅	2019年11月	排污权交易政策
278	关于2018年度广东省企业碳排放信息核查及全国碳排放权交易企业核查工作考评结果的通告	广东省生态环境厅	2019年12月	排污权交易政策
279	关于安排禁止开发区生态补偿固定补助资金的通知	广东省财政厅	2019年6月	生态补偿政策
280	关于印发海南省清洁能源汽车发展规划的通知	海南省人民政府	2019年1月	综合性政策
281	关于印发《海南省全面加强生态环境保护坚决打好污染防治攻坚战行动方案》的通知	中共海南省委、海南省人民政府	2019年3月	综合性政策
282	关于印发海南省柴油货车污染治理攻坚战实施方案的通知	海南省大气污染防治工作领导小组办公室	2019年7月	综合性政策
283	关于印发《海南省全面禁止生产、销售和使用一次性不可降解塑料制品实施方案》的通知	中共海南省委办公厅、海南省人民政府办公厅	2019年2月	环境财政政策

序号	重要政策名称	发布部门	发布时间	政策类型
284	关于印发海南省加强红树林保护修复实施方案的通知	海南省人民政府	2019年11月	环境财政政策
285	关于印发《土壤污染防治财政资金项目绩效　评价实施细则（试行）》的通知	海南省生态环境厅	2019年12月	环境财政政策
286	关于印发《海南省重点海域入海污染物总量控制实施方案》的函	海南省生态环境厅	2019年12月	环境财政政策
287	关于印发《海南省环境保护专项资金管理办法》的通知	海南省财政厅、海南省生态环境厅	2019年12月	环境财政政策
288	关于印发主要污染物排污权有偿交易基准价标准等相关规定的通知	海南省发展和改革委员会、海南省财政厅、海南省生态环境厅	2019年1月	环境权益政策
289	关于新能源汽车停放服务收费优惠政策指导意见	海南省发展和改革委员会	2019年8月	环境税费政策
290	关于印发《海南省售电侧改革实施方案》的通知	海南省发展和改革委员会	2019年1月	环境资源定价政策
291	海南省成品油价格因增值税税率调整相应下调	海南省发展和改革委员会	2019年3月	环境资源定价政策
292	关于调整车用压缩天然气价格及有关问题的通知	海南省发展和改革委员会	2019年4月	环境资源定价政策
293	关于调整省内短途天然气管道运输价格的通知	海南省发展和改革委员会	2019年4月	环境资源定价政策
294	关于加强农村自来水价格管理的通知	海南省发展和改革委员会、海南省水务厅	2019年4月	环境资源定价政策
295	关于降低工商业及其他用户单一制电价及有关事项的通知	海南省发展和改革委员会	2019年5月	环境资源定价政策
296	关于加强农村自来水价格管理的通知	海南省发展和改革委员会、海南省水务厅	2019年5月	环境资源定价政策

序号	重要政策名称	发布部门	发布时间	政策类型
297	关于调整天然气基准门站价格的通知	海南省发展和改革委员会	2019 年 5 月	环境资源定价政策
298	关于调整海口市管道燃气非居民用气销售价格及有关问题的通知	海南省发展和改革委员会	2019 年 5 月	环境资源定价政策
299	关于调整海口市管道燃气非居民用气销售价格及有关问题的通知	海南省发展和改革委员会	2019 年 5 月	环境资源定价政策
300	关于电价调整有关问题的通知	海南省发展和改革委员会	2019 年 5 月	环境资源定价政策
301	关于调整部分市县管道燃气非居民用气销售价格及有关问题的通知	海南省发展和改革委员会	2019 年 6 月	环境资源定价政策
302	关于一般工商业电价降价及清理规范住宅小区等转供电环节收费政策告知单	海南省发展和改革委员会	2019 年 7 月	环境资源定价政策
303	关于落实减税降费政策调整非居民天然气销售价格有关事项的通知	海南省发展和改革委员会	2019 年 11 月	环境资源定价政策
304	关于管道天然气配气价格及有关问题的通知	海南省发展和改革委员会	2019 年 12 月	环境资源定价政策
305	关于印发主要污染物排污权有偿交易基准价标准等相关规定的通知	海南省发展和改革委员会	2019 年 1 月	排污权交易政策
306	关于印发主要污染物排污权有偿交易基准价标准等相关规定的通知	海南省发展和改革委员会	2019 年 1 月	排污权交易政策
307	关于印发山西省焦化行业压减过剩产能打好污染防治攻坚战行动方案的通知	山西省人民政府办公厅	2019 年 8 月	综合性政策
308	关于印发《山西省柴油货车污染治理攻坚战行动计划实施方案》的通知	山西省生态环境厅	2019 年 7 月	综合性政策

序号	重要政策名称	发布部门	发布时间	政策类型
309	山西省土壤污染防治条例	山西省第十三届人民代表大会常务委员会	2019年12月	综合性政策
310	山西省水污染防治条例	山西省第十三届人民代表大会会常务委员会	2019年8月	综合性政策
311	关于修订《山西省城市环境空气质量改善奖惩方案》的通知	山西省生态环境厅	2019年1月	环境财政政策
312	关于调整我省成品油零售价格的公告	山西省发展和改革委员会	2019年12月	环境资源定价政策
313	关于我省2019—2021年"煤改电"用电价格及有关事项的通知	山西省发展和改革委员会	2019年10月	环境资源定价政策
314	关于贯彻国家发展改革委完善风电上网电价政策有关问题的通知	山西省发展和改革委员会	2019年6月	环境资源定价政策
315	关于贯彻国家发展改革委完善光伏发电上网电价机制有关问题的通知	山西省发展和改革委员会	2019年6月	环境资源定价政策
316	关于降低我省一般工商业用电价格及有关事项的通知	山西省发展和改革委员会	2019年6月	环境资源定价政策
317	关于降低天然气基准门站价格和省内短途天然气管道运输价格的通知	山西省发展和改革委员会	2019年4月	环境资源定价政策
318	关于电网企业增值税税率调整相应降低我省一般工商业用电价格的通知	山西省发展和改革委员会	2019年4月	环境资源定价政策
319	关于印发吉林省重点流域劣Ⅴ类水体专项治理和水质提升工程实施方案（2019—2020年）的通知	吉林省人民政府办公厅	2019年1月	综合性政策
320	关于印发吉林省辽河流域国土空间规划（2018—2035年）的通知	吉林省人民政府办公厅	2019年10月	综合性政策

序号	重要政策名称	发布部门	发布时间	政策类型
321	吉林省落实柴油货车污染治理攻坚战行动计划实施方案	吉林省生态环境厅	2019 年 4 月	综合性政策
322	关于印发吉林省推进节能标准化工作实施方案的通知	吉林省人民政府办公厅	2019 年 1 月	环境财政政策
323	关于下达 2018 年中央水污染防治专项资金预算的通知	吉林省财政厅	2019 年 8 月	环境财政政策
324	关于下达 2019 年中央大气污染防治资金预算的通知	吉林省财政厅	2019 年 10 月	环境财政政策
325	关于印发《吉林省林业保护与发展补助资金管理办法》的通知	吉林省财政厅、吉林省林业和草原局	2019 年 8 月	环境财政政策
326	关于下达 2019 年中央土壤污染防治资金预算的通知	吉林省财政厅	2019 年 12 月	环境财政政策
327	关于印发《吉林省矿产资源和地质环境治理专项资金管理办法》的通知	吉林省自然资源厅	2019 年 12 月	环境财政政策
328	关于进一步做好矿山地质环境治理恢复保证金返还工作的通知	吉林省自然资源厅	2019 年 4 月	环境财政政策
329	关于开展农村"厕所革命"整村推进财政奖补工作的通知	吉林省财政厅	2019 年 7 月	环境财政政策
330	关于推进绿色金融发展的若干意见	吉林省人民政府办公厅	2019 年 11 月	绿色金融政策
331	关于加快推进环保产业振兴发展的若干意见	吉林省人民政府办公厅	2019 年 9 月	行业环境经济政策
332	关于加快推进涉镉等重金属重点行业企业排查整治工作的通知	黑龙江省生态环境厅	2019 年 5 月	环境财政政策
333	关于印发 2019 年黑龙江省秸秆综合利用工作实施方案的通知	黑龙江省人民政府办公厅	2019 年 10 月	环境财政政策

序号	重要政策名称	发布部门	发布时间	政策类型
334	关于海伦荣泰水泥有限公司执行阶梯电价政策的函	黑龙江发展和改革委员会	2019年10月	环境资源定价政策
335	关于发电项目上网电价管理有关问题的通知	黑龙江发展和改革委员会	2019年7月	环境资源定价政策
336	关于电网企业增值税税率调整相应降低一般工商业电价的通知	黑龙江发展和改革委员会	2019年5月	环境资源定价政策
337	我省上调成品油价格	黑龙江发展和改革委员会	2019年3月	环境资源定价政策
338	关于印发农业农村污染 治理攻坚战实施方案的通知	安徽省人民政府办公厅	2019年1月	综合性政策
339	关于加强长江（安徽）水生生物保护工作的实施意见	安徽省人民政府办公厅	2019年1月	环境财政政策
340	关于印发安徽省环保专项资金激励措施实施规定（2019年修订）的通知	安徽省生态环境厅、安徽省财政厅	2019年4月	环境财政政策
341	关于全面拓展生态环境大保护大治理大修复强化生态优先绿色发展理念落实专项攻坚行动的通知	安徽省生态环境保护委员会办公室	2019年6月	环境财政政策
342	安徽省取水许可和水资源费征收管理实施办法（2019年修订）	安徽省人民政府	2019年2月	环境权益政策
343	关于调整安徽省成品油价格的通告	安徽省发展和改革委员会	2019年1月	环境资源定价政策
344	关于可再生能源发电项目上网电价管理有关问题的通知	安徽省发展和改革委员会	2019年4月	环境资源定价政策
345	关于电网企业增值税税率调整及暂停征收小型水库移民后期扶持资金相应降低工商业电价的通知	安徽省发展和改革委员会	2019年4月	环境资源定价政策

251

序号	重要政策名称	发布部门	发布时间	政策类型
346	关于调整地下水水资源费征收标准的通知	安徽省发展和改革委员会	2019 年 5 月	环境资源定价政策
347	关于降低工商业及其他用电单一制电价的通知	安徽省发展和改革委员会	2019 年 5 月	环境资源定价政策
348	关于印发安徽省企业环境信用与绿色信贷衔接办法（试行）的通知	安徽省生态环境厅	2019 年 2 月	绿色信贷政策
349	关于进一步推深做实新安江流域生态补偿机制的实施意见	安徽省人民政府办公厅	2019 年 9 月	生态补偿政策
350	关于合力推进新安江流域生态补偿机制"十大工程"建设的通知	安徽省人民政府办公厅	2019 年 9 月	生态补偿政策
351	关于调整部分项目可享受返税政策进口天然气数量的通知	江西省财政厅	2019 年 5 月	绿色贸易政策
352	关于下达 2019 年农业资源及生态保护补助资金的通知	江西省财政厅	2019 年 7 月	环境财政政策
353	关于印发江西省矿山生态修复基金管理办法的通知	江西省自然资源厅、江西省财政厅、江西省生态环境厅	2019 年 11 月	环境财政政策
354	关于印发 2019 年大气污染防治攻坚战推进方案的通知	河南省发展和改革委员会	2019 年 4 月	综合性政策
355	关于加快推进重点用能单位综合能源改造（2019—2021 年）的实施意见	河南省发展和改革委员会	2019 年 6 月	综合性政策
356	关于印发河南省财政支持生态环境保护若干政策的通知	河南省人民政府办公厅	2019 年 2 月	环境财政政策
357	关于印发 2019 年河南省生态环境工作思路和要点的通知	河南省生态环境厅	2019 年 2 月	环境财政政策

序号	重要政策名称	发布部门	发布时间	政策类型
358	关于转发《国家发展改革委 国家能源局关于积极推进风电、光伏发电无补贴平价上网有关工作的通知》和《国家能源局综合司关于报送2019年度风电、光伏发电平价上网项目名单的通知》的通知	河南省发展和改革委员会	2019年4月	环境财政政策
359	关于印发河南省加快新能源汽车推广应用若干政策的通知	河南省人民政府办公厅	2019年6月	环境财政政策
360	关于转发下达农业可持续发展专项（畜禽粪污资源化利用整县推进项目)2019年中央预算内投资计划的通知	河南省发展和改革委员会	2019年6月	环境财政政策
361	关于印发柴油货车污染治理攻坚战分工方案的通知	河南省发展和改革委员会	2019年12月	环境财政政策
362	关于深化我省燃煤发电上网电价形成机制改革的通知	河南省发展和改革委员会	2019年12月	环境财政政策
363	关于印发河南省用能权有偿使用和交易管理暂行办法的通知	河南省人民政府办公厅	2019年4月	环境权益政策
364	河南省重点用能单位用能权配额分配办法（试行）	河南省发展和改革委员会	2019年5月	环境权益政策
365	关于印发《河南省农业水权交易管理办法（试行）》的通知	河南省水利厅	2019年9月	环境权益政策
366	关于建立和推行差别化污水处理收费机制的指导意见	河南省发展和改革委员会	2019年9月	环境税费政策
367	关于调整我省管道天然气价格的通知	河南省发展和改革委员会	2019年4月	环境资源定价政策

序号	重要政策名称	发布部门	发布时间	政策类型
368	关于调整我省管道天然气价格的通知	河南省发展和改革委员会	2019 年 4 月	环境资源定价政策
369	关于我省天然气调峰发电机组试行两部制电价的通知	河南省发展和改革委员会	2019 年 4 月	环境资源定价政策
370	关于 2019 年因增值税税率调整相应降低电价的通知	河南省发展和改革委员会	2019 年 4 月	环境资源定价政策
371	关于 2019 年因增值税税率调整相应降低电价的通知	河南省发展和改革委员会	2019 年 4 月	环境资源定价政策
372	关于河南省南水北调工程供水价格的通知	河南省发展和改革委员会	2019 年 6 月	环境资源定价政策
373	关于加快推进我省农业水价综合改革工作的通知	河南省发展和改革委员会、河南省财政厅、河南省水利厅、河南省农业农村厅	2019 年 6 月	环境资源定价政策
374	关于深化我省燃煤发电上网电价形成机制改革的通知	河南省发展和改革委员会	2019 年 12 月	环境资源定价政策
375	关于印发《河南省生态环境服务机构环境信用评价管理办法》的通知	河南省生态环境厅	2019 年 12 月	绿色金融政策
376	关于组织重点企业开展 2018 年度碳排放报告及监测计划制定工作的通知	河南省生态环境厅	2019 年 3 月	排污权交易政策
377	关于印发《河南省建立市场化、多元化生态保护补偿机制实施方案》的通知	河南省发展和改革委员会	2019 年 12 月	生态补偿政策
378	关于 2019 年 11 月城市环境空气质量和水环境质量生态补偿情况的函	河南省生态环境厅	2019 年 12 月	生态补偿政策
379	关于印发河南省工业大气污染防治 6 个专项方案的通知	河南省生态环境厅	2019 年 4 月	行业环境经济政策

序号	重要政策名称	发布部门	发布时间	政策类型
380	关于应用重点行业绿色发展调研成果推进全行业污染治理水平整体提升的通知	河南省生态环境厅	2019 年 6 月	行业环境经济政策
381	关于印发 2019 年全省生态环境工作要点的通知	湖北省生态环境厅	2019 年 2 月	综合性政策
382	关于印发《湖北省农业农村污染治理实施方案》的通知	湖北省生态环境厅、湖北省农业农村厅	2019 年 5 月	综合性政策
383	关于印发《湖北省柴油货车污染治理攻坚战行动计划》的通知	湖北省生态环境厅	2019 年 5 月	综合性政策
384	关于印发《湖北省长江保护修复攻坚战工作方案》的通知	湖北省生态环境厅、湖北省发展和改革委员会	2019 年 6 月	综合性政策
385	关于印发《湖北省钢铁行业超低排放改造实施方案》的通知	湖北省生态环境厅、湖北省发展和改革委员会、湖北省经济和信息化厅、湖北省财政厅、湖北省交通运输厅、湖北省市场监督管理局	2019 年 7 月	综合性政策
386	关于印发《湖北省尾矿库污染防治工作方案（2019—2020 年）》的通知	湖北省生态环境厅	2019 年 8 月	综合性政策
387	关于印发《湖北省工业炉窑大气污染综合治理实施方案》的通知	湖北省生态环境厅、湖北省发展和改革委员会、湖北省经济和信息化厅、湖北省财政厅	2019 年 12 月	综合性政策
388	关于印发《湖北省土壤污染防治行动计划实施情况考核办法（试行）》的通知	湖北省生态环境厅	2019 年 1 月	环境财政政策

序号	重要政策名称	发布部门	发布时间	政策类型
389	关于下达我省岩溶地区石漠化综合治理工程 2019 年中央预算内投资计划的通知	湖北省发展和改革委员会	2019 年 4 月	环境财政政策
390	关于组织申报 2019 年省节能专项项目的通知	湖北省发展和改革委员会	2019 年 4 月	环境财政政策
391	关于下达动植物保护能力提升工程林业有害生物防治能力建设项目 2019 年中央预算内投资计划的通知	湖北省发展和改革委员会、湖北省林业局	2019 年 4 月	环境财政政策
392	关于下达长江防护林三期工程 2019 年中央预算内投资计划的通知	湖北省发展和改革委员会、湖北省林业局	2019 年 5 月	环境财政政策
393	关于印发《湖北省水利发展资金使用管理实施细则》的通知	湖北省财政厅、湖北省水利厅	2019 年 10 月	环境财政政策
394	关于加强煤炭消费总量控制工作的通知	湖北省发展和改革委员会	2019 年 5 月	环境权益政策
395	关于进一步健全节能环保电价机制的通知	湖北省发展和改革委员会	2019 年 1 月	环境资源定价政策
396	关于制定增量配电网配电价格有关事项的通知	湖北省发展和改革委员会	2019 年 1 月	环境资源定价政策
397	湖北省成品油价格按机制上调	湖北省发展和改革委员会	2019 年 1 月	环境资源定价政策
398	关于印发《湖北省天然气短途管道运输和配气价格管理办法》的通知	湖北省发展和改革委员会	2019 年 3 月	环境资源定价政策
399	湖北省成品油价格因增值税税率调整相应下调	湖北省发展和改革委员会	2019 年 3 月	环境资源定价政策
400	关于调整天然气基准门站价格及省内短途管道运输价格的通知	湖北省发展和改革委员会	2019 年 3 月	环境资源定价政策

序号	重要政策名称	发布部门	发布时间	政策类型
401	关于电网企业增值税税率调整等相应降低一般工商业电价的通知	湖北省发展和改革委员会	2019 年 4 月	环境资源定价政策
402	关于进一步降低一般工商业电价等有关事项的通知	湖北省发展和改革委员会	2019 年 5 月	环境资源定价政策
403	关于进一步降低一般工商业电价等有关事项的通知	湖北省发展和改革委员会	2019 年 5 月	环境资源定价政策
404	关于兴山天星供电有限公司划转到国网湖北省电力有限公司后销售电价有关事项的通知	湖北省发展和改革委员会	2019 年 5 月	环境资源定价政策
405	关于2016—2017年新能源发电项目电价补贴结算事项的通知	湖北省发展和改革委员会	2019 年 6 月	环境资源定价政策
406	关于调整水电上网电价的通知	湖北省发展和改革委员会	2019 年 6 月	环境资源定价政策
407	关于发电项目上网电价管理有关事项的通知	湖北省发展和改革委员会	2019 年 9 月	环境资源定价政策
408	关于印发《湖北省企业环境信用评价办法》的通知	湖北省生态环境厅	2019 年 10 月	绿色金融政策
409	关于深化排污权交易试点工作的通知	湖北省生态环境厅	2019 年 9 月	排污权交易政策
410	关于印发湖北省建立市场化、多元化生态保护补偿机制行动计划的通知	湖北省发展和改革委员会	2019 年 12 月	生态补偿政策
411	关于印发《湖南省洞庭湖水环境综合治理规划实施方案（2018—2025年）》的通知	湖南省人民政府	2019 年 10 月	综合性政策
412	关于印发《国家节水行动湖南省实施方案》的通知	湖南省发展和改革委员会、湖南省水利厅	2019 年 12 月	综合性政策

257

序号	重要政策名称	发布部门	发布时间	政策类型
413	关于印发《湖南省矿山地质环境治理恢复基金管理办法》的通知	湖南省自然资源厅、湖南省生态环境厅	2019年7月	环境财政政策
414	关于印发《湖南省政府采购两型（绿色）产品首购办法》的通知	湖南省财政厅	2019年9月	环境财政政策
415	关于加强全省水生生物保护工作的实施意见	湖南省人民政府办公厅	2019年9月	环境财政政策
416	关于发布湖南省矿业权出让收益市场基准价的通知	湖南省自然资源厅	2019年3月	环境权益政策
417	关于推进主要污染物排污权纳入公共资源交易平台网上交易有关事项的通知	湖南省生态环境厅、湖南省公共资源交易中心	2019年8月	环境权益政策
418	关于印发《湖南省危险废物处置收费管理办法》的通知	湖南省发展和改革委员会	2019年1月	环境税费政策
419	关于完善农业水价综合改革工作机制建立有关制度的通知	湖南省发展和改革委员会	2019年1月	环境资源定价政策
420	关于调整成品油价格的通知	湖南省发展和改革委员会	2019年1月	环境资源定价政策
421	关于完善农业水价综合改革工作机制建立有关制度的通知	湖南省发展和改革委员会	2019年1月	环境资源定价政策
422	关于将居民燃气庭院管网和室内管道安装费更名为居民燃气工程安装费及有关事项的通知	湖南省发展和改革委员会	2019年2月	环境资源定价政策
423	关于下调长沙-常德、湘潭-衡阳、湘潭-邵阳天然气管道运输价格的通知	湖南省发展和改革委员会	2019年4月	环境资源定价政策
424	关于下调长沙等9市非居民用天然气销售价格的通知	湖南省发展和改革委员会	2019年4月	环境资源定价政策

序号	重要政策名称	发布部门	发布时间	政策类型
425	关于 2019 年部分县城建立居民阶梯水价制度的通知	湖南省发展和改革委员会	2019 年 4 月	环境资源定价政策
426	关于下达湖南省 2019 年度农业水价综合改革实施计划的通知	湖南省发展和改革委员会、湖南省财政厅、湖南省水利厅、湖南省农业农村厅	2019 年 6 月	环境资源定价政策
427	关于再次降低我省一般工商业电价有关问题的通知	湖南省发展和改革委员会	2019 年 6 月	环境资源定价政策
428	关于调整综合趸售电价有关问题的通知	湖南省发展和改革委员会	2019 年 7 月	环境资源定价政策
429	关于调整三峡、葛洲坝水电站送湖南电量上网电价的通知	湖南省发展和改革委员会	2019 年 8 月	环境资源定价政策
430	关于规范电价管理有关问题的通知	湖南省发展和改革委员会	2019 年 8 月	环境资源定价政策
431	关于联动调整 2019 年度采暖季非居民用天然气销售价格的通知	湖南省发展和改革委员会	2019 年 10 月	环境资源定价政策
432	关于印发《湖南省居民生活用天然气阶梯价格实施办法》的通知	湖南省发展和改革委员会	2019 年 12 月	环境资源定价政策
433	关于印发《湖南省管道燃气配气价格管理办法》的通知	湖南省发展和改革委员会	2019 年 12 月	环境资源定价政策
434	关于印发湖南省节能技术产品推广目录（2019 年）的通知	湖南省发展和改革委员会	2019 年 10 月	行业环境经济政策
435	关于下达 2016 年省级建筑节能（新型墙材）专项资金预算的通知	四川省财政厅	2019 年 11 月	环境财政政策
436	关于下达 2019 年第一批生态环境保护专项资金预算的通知	四川省财政厅	2019 年 11 月	环境财政政策
437	关于下达 2018 年中央水污染防治专项资金（第三批）的通知	四川省财政厅	2019 年 11 月	环境财政政策

序号	重要政策名称	发布部门	发布时间	政策类型
438	关于下达 2018 年中央土壤污染防治专项资金的通知	四川省财政厅	2019 年 11 月	环境财政政策
439	关于提高成品油价格的通知	四川省发展和改革委员会	2019 年 1 月	环境资源定价政策
440	关于建立健全和加快推行城镇非居民用水超定额累进加价制度的实施意见	四川省发展和改革委员会	2019 年 1 月	环境资源定价政策
441	关于四川省增量配电网配电价格有关事项的通知	四川省发展和改革委员会	2019 年 2 月	环境资源定价政策
442	关于落实加快创新和完善促进绿色发展电价机制有关事项的通知	四川省发展和改革委员会	2019 年 2 月	环境资源定价政策
443	关于降低成品油价格的通知	四川省发展和改革委员会	2019 年 5 月	环境资源定价政策
444	关于降低省属电网及地方电网一般工商业电价有关事项的通知	四川省发展和改革委员会	2019 年 5 月	环境资源定价政策
445	关于降低四川电网一般工商业用电价格有关事项的通知	四川省发展和改革委员会	2019 年 5 月	环境资源定价政策
446	关于 2019 年丰水期外送电结算价格的通知	四川省发展和改革委员会	2019 年 5 月	环境资源定价政策
447	关于明确 2019 年富余电量输配电价有关问题的通知	四川省发展和改革委员会	2019 年 5 月	环境资源定价政策
448	关于 2019 年我省丰水期试行居民生活用电电能替代价格政策的通知	四川省发展和改革委员会	2019 年 5 月	环境资源定价政策
449	关于 2019 年我省丰水期试行居民生活用电电能替代价格政策的通知	四川省发展和改革委员会	2019 年 5 月	环境资源定价政策
450	关于贯彻国家完善光伏发电上网电价机制有关问题的通知	四川省发展和改革委员会	2019 年 5 月	环境资源定价政策

序号	重要政策名称	发布部门	发布时间	政策类型
451	关于再次降低省属电网及地方电网一般工商业电价等有关事项的通知	四川省发展和改革委员会	2019年5月	环境资源定价政策
452	关于再次降低四川电网一般工商业用电价格等有关事项的通知	四川省发展和改革委员会	2019年5月	环境资源定价政策
453	关于降低成品油价格的通知	四川省发展和改革委员会	2019年6月	环境资源定价政策
454	关于推进2019年丰水期风电光伏发电市场化交易的通知	四川省发展和改革委员会	2019年6月	环境资源定价政策
455	关于进一步推进生活垃圾分类工作的实施意见	重庆市人民政府办公厅	2019年7月	综合性政策
456	关于印发重庆市废弃农膜回收利用管理办法（试行）的通知	重庆市人民政府办公厅	2019年5月	环境财政政策
457	关于印发主城区城市建筑垃圾治理试点工作实施方案的通知	重庆市人民政府办公厅	2019年2月	环境财政政策
458	关于推进长江上游生态屏障（重庆段）山水林田湖草生态保护修复工程的实施意见	重庆市人民政府办公厅	2019年2月	环境财政政策
459	关于2020年重点流域水环境综合治理中央预算内投资计划建议项目清单的公示	重庆市发展和改革委员会	2019年11月	环境财政政策
460	关于进一步降低一般工商业电价有关事项的通知	重庆市发展和改革委员会	2019年5月	环境财政政策
461	关于组织清算2018年煤层气开发利用补贴资金和上报2019年煤层气开发利用情况的通知	重庆市财政局	2019年4月	环境财政政策

序号	重要政策名称	发布部门	发布时间	政策类型
462	关于开展农业农村污染防治试点示范工作的通知	重庆市生态环境局办公室、重庆市农业农村委员会办公室	2019年11月	环境财政政策
463	关于印发《2019年农村生活污水治理工作方案》的通知	重庆市生态环境局办公室、重庆市农业农村委员会办公室	2019年11月	环境财政政策
464	关于印发《重庆市农业农村污染治理攻坚战行动计划实施方案》的通知	重庆市生态环境局、重庆市农业农村委员会	2019年4月	环境财政政策
465	关于核定主城区城镇管道燃气配气价格及降低天然气销售价格有关事项的通知	重庆市发展和改革委员会	2019年12月	环境资源定价政策
466	关于调整华能重庆两江燃机发电有限责任公司上网电价的通知	重庆市发展和改革委员会	2019年6月	环境资源定价政策
467	关于支持黔南布依族苗族自治州加快推进绿色发展建设生态之州的意见	贵州省人民政府	2019年2月	综合性政策
468	关于印发《贵州省省级环境保护专项资金管理办法（修订）》的通知	贵州省财政厅、贵州省生态环境厅	2019年2月	环境财政政策
469	关于印发《贵州省污染防治攻坚战专项资金管理办法》的通知	贵州省财政厅、贵州省生态环境厅	2019年2月	环境财政政策
470	关于印发《贵州省乌蒙山区山水林田湖草生态保护修复重大工程项目资金管理办法》的通知	贵州省财政厅、贵州省自然资源厅、贵州省生态环境厅	2019年2月	环境财政政策
471	关于印发《贵州省林业改革发展资金管理办法》的通知	贵州省财政厅、贵州省林业局	2019年7月	环境财政政策
472	关于下达2019年重点生态功能区转移支付资金的通知	贵州省财政厅	2019年8月	环境财政政策

序号	重要政策名称	发布部门	发布时间	政策类型
473	威宁彝族回族苗族自治县水资源保护管理条例（2019 年修正）	贵州省威宁彝族回族苗族自治县人大（含常委会）	2019 年 7 月	环境权益政策
474	关于电网企业增值税税率调整相应降低我省单一制工商业电价有关事项的通知	贵州省发展和改革委员会	2019 年 4 月	环境资源定价政策
475	关于降低非居民用气价格的通知	贵州省发展和改革委员会	2019 年 4 月	环境资源定价政策
476	关于降低天然气省内短途管道运输价格的通知	贵州省发展和改革委员会	2019 年 4 月	环境资源定价政策
477	2019 年 4 月 26 日 24 时起贵州成品油价格按机制上调	贵州省发展和改革委员会	2019 年 4 月	环境资源定价政策
478	关于进一步降低我省单一制工商业电价有关事项的通知	贵州省发展和改革委员会	2019 年 5 月	环境资源定价政策
479	关于调整我省水电上网电价有关事项的通知	贵州省发展和改革委员会	2019 年 6 月	环境资源定价政策
480	关于配电网配电价格机制有关事项的通知	贵州省发展和改革委员会	2019 年 6 月	环境资源定价政策
481	关于贵州燃气（集团）天然气支线管道有限公司短途管道运输价格的通知	贵州省发展和改革委员会	2019 年 9 月	环境资源定价政策
482	关于降低中石油贵州天然气管网有限公司短途管道运输价格的通知	贵州省发展和改革委员会	2019 年 9 月	环境资源定价政策
483	关于降低天然气销售价格等有关事项的通知	贵州省发展和改革委员会	2019 年 9 月	环境资源定价政策
484	关于召开降低贵阳市辖区及与其共用同一配气管网区域管道天然气居民生活用气配气和销售价格听证会的公告	贵州省发展和改革委员会	2019 年 12 月	环境资源定价政策

序号	重要政策名称	发布部门	发布时间	政策类型
485	关于降低贵阳市辖区及与其共用同一配气管网区域居民生活用气配气和销售价格等有关事项的通知	贵州省发展和改革委员会	2019 年 12 月	环境资源定价政策
486	关于印发《贵州省深化燃煤发电上网电价形成机制改革实施方案》的通知	贵州省发展和改革委员会	2019 年 12 月	环境资源定价政策
487	关于印发《贵州省深化燃煤发电上网电价形成机制改革实施方案》的通知	贵州省发展和改革委员会	2019 年 12 月	环境资源定价政策
488	关于印发《贵州省环境污染责任保险风险评估指南（试行）》的通知	贵州省生态环境厅	2019 年 1 月	绿色金融政策
489	关于印发《贵州省企业环境信用评价指标体系及评价方法》《企业环保信用评价结果等级描述》《贵州省企业环境信用评价工作指南》的通知	贵州省生态环境厅	2019 年 9 月	绿色金融政策
490	关于加快推进生态渔业发展的指导意见	贵州省人民政府办公厅	2019 年 4 月	行业环境经济政策
491	关于印发云南省柴油货车污染治理攻坚战实施方案的通知	云南省人民政府办公厅	2019 年 4 月	综合性政策
492	关于加强长江水生生物保护工作的实施意见	云南省人民政府办公厅	2019 年 3 月	综合性政策
493	关于印发《云南省节水行动实施方案》的通知	云南省发展和改革委员会、云南省水利厅	2019 年 11 月	综合性政策
494	云南省农业农村污染治理攻坚战作战方案	云南省生态环境厅、云南省农业农村厅	2019 年 1 月	综合性政策
495	关于印发《云南省涉重金属行业污染防控工作方案》的通知	云南省生态环境厅	2019 年 12 月	环境财政政策

序号	重要政策名称	发布部门	发布时间	政策类型
496	关于 2019 年 7—10 月非居民用气上下游价格联动有关问题的通知	云南省发展和改革委员会	2019 年 9 月	环境资源定价政策
497	关于降低一般工商业电价文件的通知	云南省发展和改革委员会	2019 年 5 月	环境资源定价政策
498	关于 2019 年 5—6 月非居民用气上下游价格联动有关问题的通知	云南省发展和改革委员会	2019 年 5 月	环境资源定价政策
499	关于调整天然气基准门站价格文件的通知	云南省发展和改革委员会	2019 年 5 月	环境资源定价政策
500	关于电网企业增值税税率调整相应降低一般工商业电价文件的通知	云南省发展和改革委员会	2019 年 4 月	环境资源定价政策
501	关于印发西藏自治区打赢蓝天保卫战实施方案的通知	西藏自治区人民政府	2019 年 3 月	综合性政策
502	关于印发四大保卫战 2019 年工作方案的通知	陕西省人民政府办公厅	2019 年 3 月	综合性政策
503	关于印发青山保卫战行动方案的通知	陕西省人民政府	2019 年 4 月	环境财政政策
504	关于西安百隆电镀科技有限公司等单位排污权指标的函	陕西省生态环境厅	2019 年 8 月	环境权益政策
505	陕西省成品油价格调整通告	陕西省发展和改革委员会	2019 年 3 月	环境资源定价政策
506	关于我省天然气价格有关问题的通知	陕西省发展和改革委员会	2019 年 3 月	环境资源定价政策
507	关于调整榆林电网电力价格的通知	陕西省发展和改革委员会	2019 年 4 月	环境资源定价政策
508	关于调整陕西电网电力价格的通知	陕西省发展和改革委员会	2019 年 4 月	环境资源定价政策

序号	重要政策名称	发布部门	发布时间	政策类型
509	关于增量配电网配电价格有关事项的通知	陕西省发展和改革委员会	2019 年 10 月	环境资源定价政策
510	关于申报 2020 年省级工业节能专项资金项目的通知	陕西省发展和改革委员会、陕西省财政厅	2019 年 11 月	环境资源定价政策
511	关于印发《陕西省天然气管道运输和配气价格管理办法（试行）》的通知	陕西省发展和改革委员会	2019 年 12 月	环境资源定价政策
512	陕西省成品油价格调整通告	陕西省发展和改革委员会	2019 年 12 月	环境资源定价政策
513	关于印发《甘肃省柴油货车污染治理攻坚战实施方案》的通知	甘肃省生态环境厅	2019 年 5 月	综合性政策
514	关于分解转下达水生态治理、中小河流治理等其他水利工程专项 2019 年第一批中央预算内投资计划的通知	甘肃省发展和改革委员会、甘肃省水利厅	2019 年 4 月	环境财政政策
515	我省按国家规定调整成品油最高批发价格和最高零售价格	甘肃省发展和改革委员会	2019 年 6 月	环境资源定价政策
516	关于转发国家发展改革委完善风电上网电价政策的通知	甘肃省发展和改革委员会	2019 年 5 月	环境资源定价政策
517	关于降低一般工商业电价有关事项的通知	甘肃省发展和改革委员会	2019 年 5 月	环境资源定价政策
518	关于转发国家发展改革委完善光伏发电上网电价机制有关问题的通知	甘肃省发展和改革委员会	2019 年 5 月	环境资源定价政策
519	关于电网增值税税率调整相应降低一般工商业电价有关事项的通知	甘肃省发展和改革委员会	2019 年 4 月	环境资源定价政策
520	关于贯彻落实青海省打赢蓝天保卫战三年行动实施方案（2018—2020 年）的工作方案的通知	青海省发展和改革委员会	2019 年 1 月	综合性政策

序号	重要政策名称	发布部门	发布时间	政策类型
521	关于印发《青海省贯彻落实建立市场化、多元化生态保护补偿机制行动计划的实施方案》的通知	青海省发展和改革委员会	2019 年 11 月	生态补偿政策
522	关于印发《青海省农业用水价格管理办法》的通知	青海省发展和改革委员会	2019 年 11 月	环境资源定价政策
523	关于西宁市大通县生活垃圾填埋气发电项目上网电价的通知	青海省发展和改革委员会	2019 年 11 月	环境资源定价政策
524	关于核定果洛州多贡麻水电站、大仓水电站上网电价的通知	青海省发展和改革委员会	2019 年 9 月	环境资源定价政策
525	关于再次降低一般工商业电价的通知	青海省发展和改革委员会	2019 年 5 月	环境资源定价政策
526	关于果洛州玛多、久治、班玛三县与青海电网同网同价的通知	青海省发展和改革委员会	2019 年 5 月	环境资源定价政策
527	关于调整天然气跨省管道运输价格的通知	青海省发展和改革委员会	2019 年 4 月	环境资源定价政策
528	关于调整我省天然气销售价格有关事项的通知	青海省发展和改革委员会	2019 年 4 月	环境资源定价政策
529	关于组织青海省 2019 年第一次主要污染物排污权竞买的通告	青海省生态环境厅	2019 年 2 月	排污权交易政策
530	关于开展风电光伏无补贴平价上网项目申报的通知	宁夏回族自治区银川市发展和改革委员会	2019 年 4 月	环境财政政策
531	关于印发《宁夏回族自治区深化燃煤发电上网电价形成机制改革实施方案》的通知	宁夏回族自治区发展和改革委员会	2019 年 12 月	环境资源定价政策
532	关于我区水泥企业 2018 年度用电执行阶梯电价政策有关事项的通知	宁夏回族自治区发展和改革委员会	2019 年 12 月	环境资源定价政策
533	关于我区增量配电网配电价格有关事项的通知	宁夏回族自治区发展和改革委员会	2019 年 11 月	环境资源定价政策

序号	重要政策名称	发布部门	发布时间	政策类型
534	关于认真落实全区部分环保行业用电价格支持政策的通知	宁夏回族自治区发展和改革委员会	2019年6月	环境资源定价政策
535	关于印发宁夏农村集体产权制度改革试点方案的通知	宁夏回族自治区人民政府办公厅	2019年8月	环境权益政策
536	我区成品油价格按机制下调	新疆维吾尔自治区发展和改革委员会	2019年8月	环境资源定价政策
537	关于公布实施乌鲁木齐市采矿权出让收益市场基准价的通知	新疆维吾尔自治区乌鲁木齐市人民政府	2019年7月	环境权益政策
538	关于巴马盘阳河流域生态环境保护总体规划（2016—2030年）的批复	广西壮族自治区人民政府	2019年5月	综合性政策
539	关于完善我区光伏扶贫项目并网和电费结算管理有关工作的通知	广西壮族自治区发展和改革委员会、广西壮族自治区财政厅、广西壮族自治区扶贫开发办公室、国家税务总局广西壮族自治区税务局	2019年5月	综合性政策
540	关于转发财政部　国家发展改革委　国家能源局　国务院扶贫办关于公布可再生能源电价附加资金补助目录（光伏扶贫项目）的通知	广西壮族自治区发展和改革委员会	2019年5月	环境财政政策
541	关于印发广西壮族自治区重点生态功能区转移支付办法的通知	广西壮族自治区财政厅	2019年5月	环境财政政策
542	关于组织申报2019年国家补贴光伏发电项目的通知	广西壮族自治区能源局	2019年7月	环境财政政策
543	关于印发广西严格管控类耕地种植结构调整或退耕还林还草工作实施方案的通知	广西壮族自治区人民政府办公厅	2019年12月	环境财政政策
544	关于印发广西壮族自治区2019年度大气污染防治攻坚实施计划的通知	广西壮族自治区生态环境厅	2019年1月	环境财政政策

序号	重要政策名称	发布部门	发布时间	政策类型
545	关于印发广西秸秆露天禁烧区划定和综合利用指导方案的通知	广西壮族自治区生态环境厅	2019年1月	环境财政政策
546	关于印发广西农垦国有土地资源资产化资本化实施方案的通知	广西壮族自治区人民政府办公厅	2019年8月	环境权益政策
547	关于印发广西推进净采矿权出让试点方案的通知	广西壮族自治区自然资源厅	2019年12月	环境权益政策
548	关于印发广西壮族自治区自然资源统一确权登记总体工作方案的通知	广西壮族自治区人民政府	2019年12月	环境权益政策
549	关于污水处理费征收使用管理问题的通知	广西壮族自治区发展和改革委员会	2019年5月	环境税费政策
550	关于增量配电网配电价格管理有关事项的通知	广西壮族自治区发展和改革委员会	2019年4月	环境资源定价政策
551	关于调整天然气管输价格的通知	广西壮族自治区发展和改革委员会	2019年4月	环境资源定价政策
552	关于调整天然气销售价格问题的通知	广西壮族自治区发展和改革委员会	2019年4月	环境资源定价政策
553	关于临时降低部分行业用水价格有关问题的通知	广西壮族自治区发展和改革委员会	2019年5月	环境资源定价政策
554	关于降低一般工商业电价的通知	广西壮族自治区发展和改革委员会	2019年5月	环境资源定价政策
555	关于发布河池大任产业园区增量配电网配电价格的通知	广西壮族自治区发展和改革委员会	2019年7月	环境资源定价政策
556	关于我区电解铝水泥钢铁企业执行阶梯电价差别化电价有关事项的通知	广西壮族自治区发展和改革委员会	2019年10月	环境资源定价政策
557	关于印发广西壮族自治区企业生态环境信用评价办法（试行）的通知	广西壮族自治区生态环境厅	2019年9月	绿色金融政策

269

序号	重要政策名称	发布部门	发布时间	政策类型
558	关于报送《内蒙古自治区农业农村污染治理攻坚战行动计划实施方案》的报告	内蒙古自治区生态环境厅	2019 年 6 月	综合性政策
559	关于拟申报 2019 年光伏发电国家补贴竞价项目的公示	内蒙古自治区能源局	2019 年 6 月	环境财政政策
560	关于调整全区煤炭资源税适用税率的通告	内蒙古自治区人民政府	2019 年 11 月	环境税费政策
561	关于印发《浙江省工业固体废物专项整治行动方案》的通知	浙江省生态环境厅、浙江省经济和信息化厅	2019 年 11 月	综合性政策
562	关于印发《长江保护修复攻坚战浙江省实施方案》的通知	浙江省生态环境厅、浙江省发展和改革委员会	2019 年 9 月	综合性政策
563	关于印发《浙江省 2019 年应对气候变化工作要点》的通知	浙江省生态环境厅	2019 年 5 月	综合性政策
564	关于印发浙江省农业农村污染治理攻坚战实施方案的通知	浙江省生态环境厅、浙江省农业农村厅	2019 年 5 月	综合性政策
565	关于印发《杭州湾污染综合治理攻坚战实施方案》的通知	浙江省生态环境厅、浙江省发展和改革委员会、浙江省自然资源厅、浙江省住房和城乡建设厅、浙江省交通运输厅、浙江省水利厅、浙江省农业农村厅、中华人民共和国浙江海事局	2019 年 4 月	综合性政策
566	关于调整海域无居民海岛使用金征收标准的通知	浙江省财政厅、浙江省自然资源厅	2019 年 6 月	环境财政政策
567	关于印发浙江省矿山地质环境治理恢复与土地复垦基金管理办法（试行）的通知	浙江省财政厅、浙江省自然资源厅、浙江省生态环境厅、中国人民银行杭州中心支行	2019 年 3 月	环境财政政策
568	关于浙江省环境保护专项资金管理办法的补充通知	浙江省财政厅、浙江省生态环境厅	2018 年 12 月	环境财政政策

序号	重要政策名称	发布部门	发布时间	政策类型
569	关于 2020 年重点流域水环境综合治理中央预算内投资计划草案的公示	浙江省发展和改革委员会	2019 年 9 月	环境财政政策
570	浙江省用能权有偿使用和交易管理暂行办法	浙江省发展和改革委员会	2019 年 9 月	环境权益政策
571	关于印发浙江省排污许可证管理实施方案的通知	浙江省人民政府办公厅	2019 年 12 月	环境权益政策
572	关于印发 2019 年碳排放强度目标计划的通知	浙江省生态环境厅	2019 年 7 月	环境权益政策
573	关于做好 2019 年度矿产资源统计工作的通知	浙江省自然资源厅	2019 年 12 月	环境权益政策
574	关于印发《浙江省露天矿山综合整治实施方案》的通知	浙江省自然资源厅、浙江省生态环境厅	2019 年 8 月	环境权益政策
575	关于进一步做好矿地综合开发利用项目采矿权设置有关工作的通知	浙江省自然资源厅	2019 年 6 月	环境权益政策
576	关于下达 2019 年度钨矿开采总量控制指标（第一批）的通知	浙江省自然资源厅、浙江省经济和信息化厅	2019 年 3 月	环境权益政策
577	关于公布《浙江省政府定价经营服务性收费目录清单》的通知	浙江省发展和改革委员会	2019 年 11 月	环境资源定价政策
578	浙江省成品油价格按机制上调	浙江省发展和改革委员会	2019 年 12 月	环境资源定价政策
579	关于印发浙江省森林生态效益补偿资金管理办法的通知	浙江省财政厅、浙江省林业局	2019 年 1 月	生态补偿政策
580	关于印发浙江省钢铁行业超低排放改造实施计划的通知	浙江省生态环境厅、浙江省发展和改革委员会、浙江省经济和信息化厅、浙江省财政厅、浙江省交通运输厅	2019 年 8 月	行业环境经济政策

271

序号	重要政策名称	发布部门	发布时间	政策类型
581	关于开展 2019 年江苏省企业标准"领跑者"工作的通知	江苏省市场监督管理局	2019 年 9 月	行业政策
582	天津市环境保护企业"领跑者"制度实施办法（试行）	天津市生态环境局、天津市财政局、天津市发展和改革委员会、天津市工业和信息化局	2019 年 9 月	行业政策
583	关于评选 2019 年天津市环境保护企业"领跑者"的公告	天津市生态环境局	2019 年 8 月	行业政策